FRANZ VIEHBÖCK / CLEMENS LOTHALLER
AUSTROMIR 91

Franz Viehböck / Clemens Lothaller

AUSTROMIR

Der österreichische Schritt
ins Raumzeitalter

EDITION TAU

© 1991 by Edition Tau & Tau Type
Druck-, Verlags- und Handelsgesellschaft m.b.H.,
Bad Sauerbrunn

Redaktion: Jürgen Preusser

Umschlagentwurf: Erwin Rödl & Franz Ruep
Grafik: Gerri Zotter
Satz: Tau Type, Bad Sauerbrunn
Druck: Wiener Verlag, Himberg

ISBN 3-900977-27-5

Inhalt

Bildlegenden zu den Farbfotos 7

Ein unbedeutendes Ereignis... 9

Im Viertelfinale von Wimbledon 11

Der Kampf gegen die Schwerkraft 18

Der Turmbau zu Babel 27

Schneewittchen und die sieben Zwerge 30

Das große Finale 36

Größenwahn kleingeschrieben... 46

Der kalte Atem Moskaus 50

Ritter des Zehennagelordens 58

Krautsalat statt Krautsalat 62

Das Terror-Regime des Alkohols 66

Zurück auf die Schulbank.. 70

Das Leben im Weltraum 76

Wie steht's um den Blauen Planeten?................................ 86

Wunderwerk der Technik... 89

Völlig losgelöst von der Erde 94

Mir san' mir! 98

Das grüne Gesicht Japans 101

Euphorie, Respekt oder Todesangst 104

Zurück in die Zukunft 112

Leistungskurve ständig steigend 118

Dem Götz-Zitat sehr nahe 122

Picknick im Wald 127

First Step to Heaven 135

Sonderurlaub für einen Kommandanten 143

Politik oder Vernunft 150

Vom Regen in die Traufe 158

Ein Tag wie jeder andere: der 19. August 1991 163

»Willst du fliegen?« 167

Der Countdown läuft 172

Wo ist oben, wo ist unten? 179

»Fühlt euch wie zu Hause« 185

Wolkow darf bleiben 188

Das Ding aus der Hölle 194

Anhang 199

Bildlegenden zu den Farbfotos

Nach Seite 32:

1.) Franz Viehböck und Clemens Lothaller (rechts) im Raum-anzug.
2.) Kosmonauten-Kandidatin Elke Griedl beim Fallschirm-Landungstraining.
3.) Viehböck in der Folterkammer: Fahrrad-Ergometrie bis zur totalen Erschöpfung.
4.) Training des Gleichgewichtsorganes im Rhönrad.

Nach Seite 64:

1.) Anbringung von Geräten zur Überwachung der Körper-funktionen vor dem Zentrifugen-Training.
2.) Auf diesem Spezialsitz wird man in die Zentrifuge ein-geschoben.
3.) 8 g verändern das Gesicht eines Menschen: Franz Viehböck auf dem Kontrollmonitor.
4.) G-Belastung im Sitzen in der Zentrifuge.
5.) Gute Stimmung vor Beginn des Winter-Überlebenstrai-nings.
6.) Beginn der simulierten Wasserlandung bei Fiodossia im Schwarzen Meer.
7.) Anprobe des Raumanzuges während eines Schwerelosig-keitsfluges.
8.) Clemens Lothaller völlig losgelöst!

Nach Seite 96:

1.) Die Crew der Sojus TM-13: Alexander Wolkow, Franz Viehböck und Tochtar Aubakirow.
2.) Kontrolle des CO_2-Absorptionsgerätes im Modul Quant.
3.) Kommandant Wolkow bei der Arbeit am österreichischen Computer DATA-MIR.
4.) Reserve-Crew von Sojus TM-13 vor einem Simulatortest: Musabaew, Kommandant Viktorenko und Lothaller.

Nach Seite 128:

1.) Die beiden österreichischen Kosmonauten vor dem Simulator des Transport-Raumschiffes.
2.) Clemens Lothaller testet seinen Original-Raumanzug in der Überdruckkammer auf Dichtheit.
3.) Die beiden Österreicher mit der japanischen Kosmonautin Rioko Kikuchi vor dem Raumschiff Sojus TM-13 in der Fertigungshalle in Baikonur.
4.) »Lift off« von Sojus TM-12, mit der die Engländerin Helen Sherman im Mai 1991 gestartet und Franz Viehböck am 10. Oktober gelandet ist.

Nach Seite 160:

1.) Franz Vieböck in der Raumkapsel der Sojus TM-13.
2.) Kommandant Alexander Wolkow beim Umstieg vom Raumschiff in den Schleusenraum der Raumstation MIR.
3.) Der Neusiedlersee und das Wiener Becken einschließlich Viehböcks Heimat Perchtoldsdorf vom Weltraum aus gesehen.
4.) Istrien und die nördliche Küste Jugoslawiens bis Rijeka, der Heimatstadt von Vesna Viehböck.
5.) Die komplette Mannschaft der Raumstation MIR in der Zeit von 2. bis 10. Oktober 1991: Arzebarski, Krikaliow, Wulkow, Aubakirow und Viehböck.
6.) Tochtar Aubakirow und Franz Viehböck in ihren Schlafsäkken.
7.) Wo ist oben, wo ist unten. Nach irdischen Maßstäben würde man sagen: Wulkow steht auf dem Kopf.
8.) Mahlzeit!

Nach Seite 192:

1.) Die Tiroler Täler von der MIR-Station aus betrachtet.
2.) Franz Viehböck steht kopf als er von der Geburt seiner Tochter Carina Marie erfährt.
3.) Der österreichische Kosmonaut vertieft sich in die Experimente.

FRANZ VIEHBÖCK

Ein unbedeutendes Ereignis

Ich dürfte mich wohl kaum als ernstzunehmenden Wissenschaftler bezeichnen, würde ich an Zufälle glauben. Doch
was soll das scheinbar so unbedeutende Ereignis – irgendwann im März 1988 – denn sonst gewesen sein, wenn nicht
ein Zufall?

Die Frau meines damaligen Vorgesetzten auf der Uni hatte
eine Meldung im Radio gehört: Gesucht waren dreißig- bis
vierzigjährige Absolventen eines naturwissenschaftlichen
Studiums als Kandidaten für ein gemeinsames Raumfahrtsprojekt mit der Sowjetunion. Sie erzählte mir davon und
meinte, daß ich einen ganz passablen Kosmonauten abgeben würde.

Zuerst hab' ich nicht ernsthaft darüber nachgedacht. Die
Anmeldefrist bei der Austrian Space Agency müßte ja ohnehin bald zu Ende sein. Warum also sollte ich zu viele Gedanken daran verschwenden.

Irgend etwas blieb doch haften. Ich erinnerte mich an meine Jugend. Als ich gerade vor dem »gigantischen Sprung« in
die Mittelschule stand, tat ein gewisser Neil Armstrong seinen »kleinen Schritt« auf die Oberfläche des Mondes.

Auch der Name Juri Gagarin war mir schon einmal unter-
gekommen. Aber vor allem die amerikanischen Astronauten
hatten in unseren Kinderspielen oft Hauptrollen gespielt.
Auch die Fernseh-Serie »Raumschiff Enterprise« fiel mir ein.

Und je mehr ich in der Erinnerung kramte, desto reizvoller
erschien mir der Gedanke, mich tatsächlich zu bewerben. In
erster Linie empfand ich das alles natürlich als Gag, denn
wie konnte ich ernsthaft annehmen, tatsächlich ausgewählt
zu werden. Aber ich erfüllte die wichtigsten wissenschaftlichen Voraussetzungen, fühlte mich sportlich und gesund.

Am letzten Tag der Frist bekam die ASA mein Bewerbungs-
schreiben zugeschickt. Es gab eine Menge von Fragen zu
beantworten. Unter anderem mußte ich zugeben, daß ich

9

weder über Russischkenntnisse noch über einen Pilotenschein verfügte. Neben einem ausführlichen Lebenslauf war auch die genaue Beschreibung meiner damaligen Tätigkeit erforderlich.

Die erste Reaktion auf meine Bewerbung kam ziemlich überraschend: Der ORF rief bei mir an – ich gab das erste Radio-Interview meines Lebens. Was ich gesagt habe, weiß ich nicht mehr so genau, doch es konnte bei meinem damaligen Wissensstand über das Projekt wohl kaum von übergeordneter Bedeutung gewesen sein.

Wohl war ich ein wenig stolz darauf, im Radio sprechen zu dürfen, doch der Gedanke, in den Weltraum zu fliegen, kam mir nach wie vor vollkommen absurd vor.

Der Alltag ging weiter. Ich schrieb an meiner Dissertation und drängte alle kosmonautischen Ambitionen nach und nach in den Hintergrund.

In der Zeitschrift »Die ganze Woche« vom 23. Juni 1988 war zu lesen, daß »ein Steirer mit den Russen durch das All sausen wird«. Ich konnte mir zwar nicht vorstellen, daß man so schnell zu einer Entscheidung gekommen war, doch da ich von offizieller Seite nichts Gegenteiliges gehört hatte, legte ich das Kapitel »Umlaufbahn« vorerst zu den Akten. Endgültig, wie es schien.

FRANZ VIEHBÖCK

Im Viertelfinale von Wimbledon

Fast ein halbes Jahr verging, ohne daß etwas Nennenswertes passiert wäre.

Am 17. November 1988, zu einem Zeitpunkt, da ich überhaupt nicht mehr damit gerechnet hatte, erhielt ich einen Brief von der ASA.

Mit einem Mal war schnelles Handeln wieder gefragt. Innerhalb von drei Wochen mußte ich mich vor der Auswahl-Kommission medizinisch, psychisch und charakterlich völlig entblößen: Röntgenbilder von Herz und Lunge, von der kompletten Wirbelsäule und eine Beckenübersicht. Dazu die Laborbefunde ... eine endlose Liste von Befunden jedenfalls.

Es dauerte eine Zeit, bis ich alles beisammen hatte. Doch dieser Aufwand hat sich in jeder Hinsicht ausgezahlt: Sollte ich nicht in die engere Auswahl genommen werden, so würde ich wenigstens genauer als 99 Prozent der Österreicher über meinen Gesundheitszustand Bescheid wissen.

Franz Viehböck auf dem Prüfstand – und man kann mit ruhigem Gewissen behaupten, daß ich mein »Pickerl« redlich verdient habe.

Zu diesem Zeitpunkt hatte Dr. Joachim Huber, Fliegerarzt beim Bundesheer und medizinischer Betreuer der Draken-Piloten, bereits die körperliche und gesundheitliche Kontrolle über die österreichische Komponente des Raumfahrt-Projektes übernommen. Für die mentale Überwachung war der Flieger-Psychologe Dr. Walter Bein zuständig.

Bis zu diesem Zeitpunkt mußten die rund 200 Kandidaten für die Kosten der Untersuchungen selbst aufkommen. Ein Einsatz, von dem keiner wußte, ob er sich jemals rentieren würde. Denn erst Ende Jänner 1989 sollte entschieden werden, welche fünfzig Kandidaten im Rennen bleiben würden. Für einen einzigen unbequemen Sitzplatz, der in einer kleinen sowjetischen Raumkapsel für einen Österreicher reserviert war.

11

Ich fühlte mich relativ sicher – siegessicher wäre eine glatte Übertreibung, und es machte mir Spaß, daß dieser wissenschaftliche Wettkampf auch in der Öffentlichkeit ausgetragen wurde.

Ohne mein Zutun verbreitete sich die Nachricht, daß ich einer der Bewerber war, in meinem Freundeskreis wie ein Lauffeuer.

»Sag', stimmt das, daß du...« Ja, es stimmte. Irgendwie kam mir der ganz Rummel ein wenig unheimlich vor. Mir wurde klar, daß der Gedanke, in einem Raumschiff zu sitzen, nicht nur für mich außergewöhnliche Spannung versprach.

Es war ein Wettstreit gegen Unbekannte. Was würden meine »Gegner« wohl für Vorstellungen haben? Wie sehen Leute aus, die in den Weltraum fliegen wollen? Ich kannte ja nur mich und wußte aus diesem Grund natürlich nicht, ob ich überhaupt in das Klischee eines Raumfahrers paßte.

Am 20. Jänner 1989 konnte ich zumindest die letzte Frage mit Ja beantworten. An diesem Tag erreichte mich die Mitteilung, daß ich unter die »top 50« gekommen war. Eine große Befriedigung, die jedoch noch längst keine Euphorie auslöste.

Das Gefühl, das mich in diesem Augenblick beherrschte, war eine Mischung aus tiefer Zufriedenheit und ein wenig Stolz auf mein sportliches und gesundheitsbewußtes Leben.

Die Frage nach dem Sinn des Lebens, die sich so viele Menschen immer wieder vergebens stellen, hätte ich im Augenblick dieses Teilerfolges beantworten können: Es zahlt sich offenbar doch aus, sich Ziele zu setzen und auf diese mit der nötigen Konsequenz hinzuarbeiten.

Wie viele haben wohl allein angesichts der zahllosen Arztbesuche, der unzähligen Formulare, Fragebögen und Behördenwege vorzeitig das Handtuch geworfen?

Ich erinnerte mich, wie unwichtig mir die ursprüngliche Bewerbung erschienen war, als ich erstmals von der Ausschreibung erfahren hatte. Jetzt befand ich mich sozusagen im Viertelfinale von Wimbledon – ja, dieser Vergleich ist zutreffend. Und ich kann mir keinen Tennisspieler vorstellen, der sich in diesem Augenblick mit dem bereits Erreichten zufriedengegeben hätte. Mein Ehrgeiz war nun endgültig und unwiderruflich geweckt worden. Ich hatte, wie es so schön heißt, Lunte gerochen, wenngleich ich noch lange daran zweifeln sollte, ob die weitere Auswahl von mir allein abhängen würde. Ob ich auf übermächtige Gegner treffen oder ob mir der Zufall einen Streich spielen würde.

Wie sehr werden die Verantwortlichen auf jeden Kandidaten individuell Rücksicht nehmen, fragte ich mich. Was passiert, wenn man ihnen ganz einfach unsympathisch ist?

Ich hatte alle möglichen Bedenken, die sich jedoch schon wenig später als unbegründet und überflüssig erwiesen. Denn genauer, als Dr. Bein und Dr. Huber es taten, kann man sich wohl nicht mit jedem einzelnen befassen. Heute bin ich davon überzeugt, daß sich auch jene Kandidaten, die ausgeschieden sind, weder über die Test-Kriterien noch über die Schiedsrichter beklagen dürfen.

Es war ein fairer Wettkampf mit nur einem Ziel: Der oder die Beste sollte gewinnen. »Der Beste« – das war kein allgemein gültiges Werturteil über menschliche Qualitäten. Nein, es mußte der optimale Kandidat für einen ganz bestimmten Job gefunden werden, über den es in Österreich noch keinerlei praktische Erfahrungswerte gab.

In der Folge hatte ich weder das Gefühl, in Wimbledon Tennis zu spielen, noch für einen Raumflug ausgewählt zu werden. Es entstand eher der Eindruck, als wollte man aus mir mit Gewalt einen Radrennfahrer machen, der an der Tour de France teilnehmen sollte. Das wäre zwar auch ein ganz attraktiver Job, doch eigentlich nicht ganz der, den ich mir ursprünglich vorgestellt hatte.

Denn von nun an beherrschte das Ergometer mein Leben. Das ist jenes häßliche, scheinbar nutzlose Fahrrad, mit dem man zwar nicht von der Stelle kommt, das einem jedoch – wenn man fleißig tritt – via Computer sehr viel über die körperliche Verfassung verraten kann.

Nach dem ersten ausführlichen Interview mit Dr. Bein und Dr. Huber gaben mir die beiden zu verstehen, daß sie mit mir eigentlich sehr zufrieden wären, daß ich einen guten Eindruck hinterlassen hätte und daß ich auf weitere Schritte warten sollte. Doch im Nachsatz – als ich schon gehen wollte – erfuhr ich, daß ein Ergometrie-Befund, den ich im Rahmen des ersten Auswahlschrittes abgeliefert hatte, nicht den Anforderungen entsprochen habe. Ich hätte einen völlig untrainierten Kreislauf, hieß es.

Ich protestierte – und zwar vehement. Weil nicht sein kann, was nicht sein darf. Ich verwies auf meine erfolgreiche Karriere als Wasserballspieler und auf meinen gesundheitsbewußten Lebenswandel. Und ich forderte eine sofortige Korrektur dieses Ergebnisses.

Es wäre doch wirklich der Gipfel der Gemeinheit gewesen, wenn ich aufgrund eines Testwertes, der unmöglich den Tatsachen entsprechen konnte, den »Einzug ins Semifinale« verpaßt hätte.

Es war richtig, sich im wahrsten Sinne des Wortes sofort auf die Hinterfüße zu stellen. Dr. Huber akzeptierte meinen Protest und setzte mich noch im Heeresspital erneut auf das Ergometer. Bei dieser Spiroergonometrie – beginnend bei 50 Watt – erfolgen immer nach zwei Minuten Leistungssprünge um jeweils 25 Watt. Währenddessen werden laufend Blutdruck und Puls gemessen. Ich schaffte noch volle zwei Minuten bei 325 Watt. Damit wurde aus dem vermeintlichen »Doppelfehler« ein »As« mit zweitem Aufschlag. Ich hatte auf mehr oder weniger eindrucksvolle Weise bewiesen, daß mein Körper einwandfrei die gewünschte Leistung erbringen konnte.

»Sie können sehr zuversichtlich sein«, ermutigte mich Dr. Huber im Anschluß daran. Er wußte genau, warum er das sagte. Denn Ergometer-Tests standen bis zum Flug – ja sogar noch danach – ständig auf meiner Tagesordnung. Manchmal fühlte ich mich direkt verfolgt von diesem Gerät.

Doch der nächste Auswahlschritt wurde nicht in einem Rennen auf dem unbeweglichen Drahtesel entschieden, sondern nach Kriterien, denen sich auch die Bundesheerpiloten unterziehen müssen.

Diese sensomotorischen Tests standen für uns am 20. Februar 1989 in Langenlebarn auf dem Programm. Die Methode ist ähnlich wie bei der Überprüfung des Genesungsfortschrittes von Schlaganfall-Patienten, jedoch natürlich auf einem wesentlich höheren Belastungsniveau. Man muß dabei mit einem Stift einer Spur folgen, ohne die Seitenbegrenzung zu berühren und ohne den Stift von der Metallunterlage abzuheben. Ein Rennen gegen die Uhr, das äußerste Konzentration erfordert.

Da bei jedem Fehler ein schriller Ton zu hören ist, kann ich mir vorstellen, daß man aus diesem Verfahren ein aufregendes Kinderspiel konstruieren könnte. Ein bißchen erinnerte mich dieser Test an die dramatischen Slalomrennen, die wir während der Schulzeit auf kariertem Papier unter der Bank ausgetragen hatten.

Spannend waren auch die verschiedenen Reaktionstests. Es gibt viele Menschen, die behaupten, im Straßenverkehr schneller zu reagieren als alle anderen. Mich würde interessieren, ob diese Angeberei eine reelle Grundlage hat.

Mit solchen Tests könnte man das jedenfalls sehr leicht feststellen. Und ich weiß, daß es zum Teil auch getan wird. Unterschiedlich hohe Töne und das Aufleuchten verschiedenfarbiger Lämpchen sind mit einem entsprechenden Tastendruck zu quittieren. Die Abfolgegeschwindigkeit der Signale ist so gewählt, daß man gerade noch – oder eben gerade nicht mehr – folgen kann.

Mit den übrigen Tests dieses anstrengenden Tages wurden unsere Vorstellungskraft und das Befehlsdurchführungsvermögen überprüft. Ich war mir nicht sicher, ob ich im Vergleich zu den anderen gut abgeschnitten hatte. Zwar traute ich mir speziell in diesen Bereichen einiges zu, doch war mir klar, daß auch die Tagesverfassung eine Rolle gespielt haben mußte.

Meine hat offenbar gestimmt, wie sich schon bald herausstellte. Erneut blieben zwanzig Kandidaten auf der Strecke. Ich war wieder nicht dabei.

Dieser Schritt hatte schon etwas Außergewöhnliches an sich, denn von jetzt an kamen Tests auf uns zu, die einem normalerweise verwehrt bleiben. Einige echte Abenteuer standen uns bevor.

Das Feld der Kandidaten war auf das Maß einer durchschnittlichen Schulklasse zusammengeschrumpft. Dreißig ist eine überschaubare Zahl. Am 20. März 1989 trafen die Kandidaten dieses erlesenen Kreises in Markt Piesting erstmals zusammen.

Ein gewisses Maß an Aufregung, aber auch an Interesse für die anderen war bei jedem einzelnen zu bemerken. »Schwarz-Wirtin« heißt das Hotel, in dem das erste Meeting stattfand. Kein Grund, schwarz zu sehen, denn immerhin hatten alle Teilnehmer schon eine ganze Reihe von Tests mit positiven Ergebnissen hinter sich gebracht.

Ein alter Bekannter aus Perchtoldsdorf war auch dabei: »Was machst du denn hier?« fragte er. »Das Gleiche wie du«, antwortete ich. Nach diesem banalen Einstieg in eine alte Freundschaft plauderten wir etwas ernsthafter über unsere Pläne und Absichten. Wir entlarvten einander als unverbesserliche Optimisten, die fix mit dem Raumflug spekulierten, dann wieder als hoffnungslose Pessimisten, von denen keiner wirklich an seine Chance glauben wollte.

»Hör' zu«, sagte er schließlich. »Derjenige, der als erster von uns beiden ausscheidet, wird nur Gemeinderat, der andere zumindest Ehrenbürger von Perchtoldsdorf.«

Daß wir einander von diesem Augenblick an nur noch mit »Grüß Gott, Herr Gemeinderat« begrüßten, versteht sich von selbst.

Das Hauptinteresse der anderen galt trotz der scherzhaft geplanten Karriere als Politiker keinem von uns beiden, sondern einem gewissen Robert Haas. Er war zwar nicht jener Steirer, von dem voreilig behauptet worden war, er werde mit den »Russen durch das All sausen«, aber er war immerhin ein Steirer. Doch das allein wäre wohl noch kein Grund für seine Favoritenrolle gewesen.

Der Oberstleutnant des österreichischen Bundesheeres hatte sich nicht nur als Draken-Verweigerer einen Namen gemacht. Er ist Kommandant der weit über die Grenzen unsres Landes hinaus berühmten Fliegerstaffel »Caro As« und als solcher auch Weltmeister. Von den Grundvoraussetzungen her schien er der geeignete Mann für diesen außergewöhnlichen Job zu sein.

Doch er war nicht die einzige starke Persönlichkeit unter den Kandidaten. Da waren sehr gut durchtrainierte Sportler, angesehene Wissenschaftler und hervorragende Piloten. Und dann gab es noch einige, die nur Durchschnitt waren.

Zu diesen gehörten Clemens und ich.

Tatsächlich fiel auf, daß wir in der Zwischenbilanz der Auswahl bei allen Tests im Mittelfeld gelandet waren. Wir waren zwar nirgends Spitze, jedoch lagen wir auch in keinem Bereich im geschlagenen Feld. All jene, die auf einem bestimmten Gebiet absolute Spitzenwerte erzielt hatten, schieden vorzeitig aus.

Das erscheint auf den ersten Blick höchst ungerecht. Jedoch ist dabei zu bedenken, daß man bei einem Raumflug mit allen möglichen Situationen konfrontiert werden kann. Und diese fordern unter Umständen nicht nur eine ganz bestimmte körperliche oder geistige Grundvoraussetzung, sondern in erster Linie Flexibilität.

Diese aber scheint wiederum nur dann gewährleistet zu sein, wenn man in allen Bereichen zumindest bestehen kann. Das heißt: eine vernünftige und vertretbare, wenn auch nicht unbedingt optimale Reaktion setzen kann.

Franz Viehböck

Der Kampf gegen die Schwerkraft

Die Angst vor dem freien Fall, die Überwindung, die man braucht, sich so ohne weiters in die Tiefe zu stürzen, ist mit Sicherheit eines jener Kriterien, an denen man feststellen kann, ob sich jemand für eine Ausnahmesituation, wie es ein Raumflug nun eben einmal ist, eignet oder nicht.

Die dreißig Auserwählten trafen sich zu diesem Zweck auf dem Militärflughafen in Wiener Neustadt. Innerhalb von drei Tagen brachte man uns alles Wissenswerte über Fallschirmspringen bei.

Viel unangenehmer als der eigentliche Flug war der Sprung von einem 15 Meter hohen Turm. Dieser kostete tatsächlich Überwindung, zumal man ja kein grenzenloses Vertrauen in jenes Seil hat, von dem man knapp über dem Boden aufgefangen wird.

Wir simulierten aber auch den Absprung, das richtige Verhalten in der Luft, das Drehen in verschiedene Richtungen und schließlich den Aufsprung.

Erst am vierten Tag, früh am Morgen, wurde es dann wirklich ernst. Es war ein herrlicher Tag. Mit beruhigendem Brummen brachte uns ein Flugzeug in eine Höhe von 600 Metern. Dort wurden wir an eine Leine gekoppelt, die mit dem Flugzeug verbunden war. Von da an gab es kein Zurück mehr: Wir mußten springen. Mitgehangen, mitgesprungen, hieß die Devise. Und außerdem galt es auch noch, auf die richtige Absprunghaltung zu achten. Der gesamte Vorgang wurde nämlich gefilmt und später psychologisch ausgewertet.

Mein Respekt vor meinem ersten Fallschirmsprung dürfte nicht allzu groß gewesen sein, denn nach der kurzen Phase des freien Falls – etwa fünfzig Meter – hatte ich Zeit genug, um mir die umliegende Landschaft anzuschauen. Schneeberg, Rax, Wiener Neustadt, Bucklige Welt – alles auf einen Blick. Ein unvergleichliches Bild. Und ich konnte auch gar nicht darauf vergessen, den Schirm zu öffnen, denn das passierte vollautomatisch. Mit einem Ruck schien es mich wieder in die Höhe zu reißen. Von da an segelte ich bei leichtem Wind und herrlichem Sonnenschein langsam und gemächlich in Richtung Mutter Erde.

Allein dieses Erlebnis ist es wert gewesen, daß ich mich beworben hatte, dachte ich. Zeitweise schien es, als würde ich nie wieder festen Boden erreichen. Eineinhalb Meter pro Sekunde betrug meine Geschwindigkeit, als ich schließlich doch – mehr oder weniger am vorgesehenen Ort – aufsetzte.

Die Landung war doch eine kleine Enttäuschung. Und das ist es auch, was ich schon oft von anderen Fallschirmspringern gehört hatte: Du fliegst und fliegst und träumst davon, daß dieser Zustand niemals enden möge. Doch um dieses Ziel zu erreichen, muß man eben doch etwas höher hinaus als bloß 600 Meter. Man muß, und das hatte ich ja eigentlich vor, in die Umlaufbahn. Selbst wenn man von dort aus nicht mehr einfach auf die Erde zurückspringen kann.

Ich hatte wenig Zeit, darüber nachzudenken, schon gar nicht zu philosophieren. Wir mußten so schnell wie möglich unsere Schirme zusammenpacken, denn unmittelbar nach dem Sprung begann das Überlebenstraining.

In Gruppen von sechs Leuten hatten wir einen 30-Kilometer-Marsch zurückzulegen. Im »Kampf ums Überleben« – und dieser wurde ja hier simuliert – ist es nicht unklug, sich einen Startvorteil zu verschaffen. Für einen solchen hatte ich völlig unbeabsichtigt schon vor dem Start des Flugzeuges gesorgt. Der Fünf-Kilo-Rucksack mit dem Marschgepäck, den jeder mit sich tragen mußte, war – ehrlich! Es war reine Vergeßlichkeit – in jenem Autobus liegengeblieben, der uns zur Startbahn gebracht hatte. Auch meine Notration mit zwei kleinen Tafeln Schokolade, einer Zwiebel, einem Apfel, einer Scheibe Brot sowie einem Liter Wasser war im wahrsten Sinn des Wortes auf der Strecke geblieben.

Die Gedächtnisübungen, mit denen wir gleich zu Beginn des Marsches von einem Ausbilder des österreichischen Bundesheeres konfrontiert wurden, kamen mir nach meinem großartigen Beginn vor wie ein Hohn.

In der Folge mußte jede Gruppe in regelmäßigen Abständen Sonderprüfungen bestehen, wobei jeder einzelne Kandidat ständig beurteilt wurde. In erster Linie kam es auf die

Fallschirmspringer-Training mit dem Aufsprung-Simulator.

Instruktionen eines Bundesheer-Rangers vor dem ersten Fallschirmsprung in Wiener Neustadt.

Leistungsfähigkeit und auf das Verhalten in der Gruppe an. Soziales Verhalten in einer nachgestellten Extremsituation. Nicht jedermanns Sache, wie ich mir vorstellen kann.

Verschiedene Übungen weckten verschiedene Assoziationen: Als wir uns an einem fünfzehn Meter langen Seil drei Meter über dem Boden entlanghanteln mußten, dachte ich an den Film »Ein Offizier und Gentleman« mit Richard Gere. Auf der Hindernisbahn des Bundesheeres kam ich mir eher vor wie Marty Feldman in einem seiner Fremdenlegionärsfilme. »M.A.S.H« kam mir in den Sinn, als wir eine Versuchsperson auf einer Tragbahre 300 Meter weit auf einen Berg hinauftragen mußten. Und als wir uns von einem Steinbruch abseilen mußten, fiel mir meine Kindheit ein, während der wir so etwas ganz ohne Seil – und natürlich auch ganz ohne das Wissen unserer Eltern – irgendwo im Wienerwald auch gemacht hatten.

Nach extremen Belastungen mußten wir uns oft den gleichen psychologischen Tests unterziehen, denen wir bereits während der Voruntersuchung begegnet waren. Außerdem mußten wir im Wald ein Feuer anzünden, ein Funkgerät zusammenbauen und bei einem Auto Schneeketten montieren, die nicht paßten.

Gegen Ende hetzte man uns noch ein zweites Mal über die Hindernisbahn – und schließlich in die »Folterkammer«. An verschiedenen Kraftgeräten und mit unzähligen Hocksprüngen wurde unser Kreislauf bis zur äußersten Grenze belastet. Und unmittelbar danach mußten wir versuchen, sensomotorische Tests zu bestehen. Slalom mit einem Stift auf einer Metallplatte – auch das hatten wir schon.

»Hörst' i schepper' wie a Kluppensackl«, sagte einer. »Wie soll ich den Stift ruhig halten?« Mir ging es nicht anders, doch es ist erstaunlich, wie sehr man die Schwingungen des Körpers mit voller Konzentration in den Griff bekommen kann.

Danach war der offizielle Teil des Überlebenstrainings überstanden. Wer noch ein wenig länger »überleben« wollte, der durfte noch zwei Stunden lang auf dem Flugfeld bei Wind und Regen – das Wetter hatte inzwischen völlig umgeschlagen – spazierengehen.

So inoffiziell war diese Fleißaufgabe jedoch auch wieder nicht: Denn für jede zur Gänze zurückgelegte Strecke – das waren jeweils etwa zwei Kilometer – gab es Punkte. Offenbar wollte man damit testen, ob die Motivation auch dann noch vorhanden ist, wenn der äußere Zwang wegfällt.

Und was passierte? Bis auf ganz wenige machten alle voll mit. Zwei Stunden lang. Inzwischen war es längst finster geworden. Manche hatten sogar noch die Kraft, die Strecke im Laufschritt zurückzulegen.

Ich hatte mich aus verständlichen Gründen im Hintergrund gehalten. Doch ich entkam nicht: »Das ist doch der, der seinen Rucksack im Bus liegengelassen hat«, hörte ich eine Stimme aus dem Dunkel. »Verrat!« dachte ich und stellte mich. Schadenfreude habe ich in den Augen des Ausbildners keine entdeckt, als er mir einen unhandlichen Fünf-Kilo-Sandsack in die Hand drückte. Er wiederum bemerkte vermutlich aufgrund besagter Dunkelheit nicht, daß ich mein Ränzlein beim Wachposten am Eingang zum Flugfeld deponierte.

»Stört es sie, wenn ich das hier bei ihnen liegenlasse?« fragte ich. »Mein Name ist Hase«, sagte der junge Grundwehrdiener. Ich hab' immer schon gewußt, daß man sich auf unser Bundesheer hundertprozentig verlassen kann.

Leider, wie sich kurz danach herausstellte: Zwei volle Strecken lang bemerkte tatsächlich kein Mensch etwas von meiner Marscherleichterung. Doch dann forderte mich der Kontrollposten am Flugfeld auf, den Sack vorzuzeigen. Als ich zähneknirschend mein Gepäck abholte, salutierte der junge Mann am Tor. Wenigstens etwas.

Der Vorfall war mir im nachhinein eigentlich ziemlich peinlich, zumal mich unser Psychologe Dr. Bein bei den folgenden Interviews immer wieder darauf ansprach. Ich habe allerdings nicht das Gefühl, daß mir die Sache geschadet hat. Vielleicht war sogar das Gegenteil der Fall: Wem zwei bis drei Jahre Moskau bevorstanden, der mußte sich in gewissen Situationen eben zu helfen wissen.

Spät in der Nacht kamen wir mit bleischweren Gliedern und schmerzenden Gelenken zurück in das Hotel. Wieder einmal hatte ich eine Auswahlphase – es war die bisher mit Abstand spektakulärste – »überlebt«. Und ich freute mich schon auf den nächsten Schritt, den wir auf dem Flugplatz in Langenlebarn vornahmen: Aktion »Ikarus« – hoffentlich ohne den damit verbundenen Absturz ins Meer. Im Rahmen der Auswahl war ich nun schon recht hoch aufgestiegen.

Und ich hatte nicht das Gefühl, als könnte das Wachs zwischen meinen Flügeln schmelzen.

»Fluggewöhnung« hieß der offizielle Titel der nächsten Phase. So etwas muß man erlebt haben! Die Aussicht, daran teilnehmen zu dürfen, hatte einen gewissen Teil meiner Motivation während des Wiener Neustädter Überlebenstrainings ausgemacht.

Zum Eingewöhnen wurden wir mit einer »Saphir«, das ist eine einmotorige Propeller-Maschine, wie in einem Taxi eine halbe Stunde lang durch die Lüfte kutschiert.

Doch schon die nächste halbe Stunde war ein echter Test: Saab 105 heißt das Modell. Die Bundesheer-Piloten waren dazu angehalten, mit ihren größtenteils ungeübten Passagieren ein Standard-Programm abzuspulen. Dieses bestand aus Sturzflug, Looping, aus schnellem seitlichen Drehen und aus einem Steilflug nach oben. Es wurden eine Minute lang besonders enge Kurven geflogen, in denen man eine Belastung von 5 g aushalten muß.

Ein »g« ist die Einheit der Schwerkraft. Fliegt ein Flugzeug nun eine dieser engen Kurven, so wird man – Hausnummer – mit 5 g in den Sitz gepreßt. Das heißt: Man muß in diesem Augenblick das fünffache Körpergewicht ertragen. Bei einem Steilflug hält die Belastung länger an, ist jedoch niemals so stark wie in engen Kurven. Man wird mit einer sogenannten »g-Hose« ausgerüstet. Diese bläst sich ab einer bestimmten g-Belastung um die Beine und um den Bauch auf und verhindert so das Absacken des Blutes aus dem Kopf in die Beine. Die für Piloten oft tödliche Gefahr der Bewußtlosigkeit wurde durch diese Erfindung weitgehend eingeschränkt.

Doch aus diesem Spektakel allein – es gibt auch schon im Prater einige Geräte, bei denen die g-Belastung ganz schön groß ist – hätte sich kein Tester ein Bild über unser Verhalten im Flugzeug machen können. Daher wurden uns vor den Piloten laufend standardisierte Fragen gestellt und samt Antworten über Funk aufgezeichnet. Außerdem waren wir mit EKG-Elektroden bespickt, wie ein Hasenbraten mit Speck, bevor er ins Rohr geschoben wird. Trotzdem überwog das Vergnügen. Es ist tatsächlich ein unbeschreibliches Gefühl, in einem Düsenjäger zu sitzen und ein Kunstflugprogramm mitzumachen, das alles beinhaltet.

Wir flogen über Mariazell – allerdings nicht im Wallfahrtstempo. Ich hatte mir vorher nie vorstellen können, wie schnell Himmel und Erde miteinander Platz tauschen würden.

Während des Fluges, der mich die bisherigen Qualen der Ausbildung mit einem Schlag vergessen ließ, entwickelte ich großen Respekt vor dem Piloten. Von der ersten bis zur letzten Minute galt ihm mein vollstes Vertrauen. Es ist faszinierend, wie diese Männer die unzähligen »Hals-über-Kopf-Manöver« jederzeit voll im Griff haben. Mag sein, daß ich mir einige von ihnen im weiteren Verlauf meiner Ausbildung ihres coolen Verhaltens wegen zum Vorbild genommen habe.

Robert Haas, der berühmte Kunstflieger, mußte all diese Tests ebenfalls mitmachen, obwohl sie für ihn eigentlich zur alltäglichen Routine gehören. Ein kleines Detail am Rande brachte allerdings nicht nur ihn zum Lachen: Als sich der Pilot, der ihm vorher nicht vorgestellt worden war, zu ihm umdrehte, erkannte Haas in ihm einen seiner Schüler wieder. Nun mußte der Schüler den Lehrer auf Herz und Nieren testen. Ich bin sicher, daß solche Situationen bei Gymnasiasten in unzähligen Racheträumen vorkommen. Doch nur selten gehen sie dann auf so originelle Weise in Erfüllung, wie das hier der Fall war.

Weniger originell war das nächste Test-Kriterium: Der Drehstuhl.

Das ist nichts anderes als ein Bürosessel, der sich um die eigene Achse dreht. Durch das eigene Leistungsvermögen kann man hier praktisch nichts beeinflussen. Es wird lediglich das Vestibularsystem auf die Probe gestellt.

Das Testergebnis soll darüber Aufschluß geben, ob man für die sogenannte Raumkrankheit anfällig ist.

In beiden Drehrichtungen ist dabei folgendes Programm zu überstehen: Fünf Minuten Augen geradeaus, danach in einminütigen Intervallen: Kopf nach links, nach vor, nach rechts, nach vor, und am Schluß – sozusagen als Verbeugung vor dem eigenen Gleichgewichtssystem – muß man den Kopf eine Minute lang nach unten neigen.

Die Hälfte der Kandidaten hielt die zwanzig Minuten nicht durch. Viele stiegen vorzeitig ab und taumelten durch das Zimmer. Die andere Hälfte hielt zwar durch, jedoch glaubte man bei einem Meeting des Rapid-Fanklubs zu sein, denn die Gesichter der erfolgreicheren Kandidaten waren grün und weiß.

Die Ärzte bezeichnen die Übung auf dem Drehsessel als »Killer-Kriterium«. Viele wurden bei diesem Test im wahrsten Sinn des Wortes «außedraht».

Während der Übungen in Langenlebarn erfuhr die Jury direkt aus Moskau von einem weiteren »Killer-Kriterium«. Wieder so eine Sache, die man selbst nicht beeinflussen konnte. Die Länge zwischen Scheitel und Steißbein wurde im Sitzen gemessen und durfte 94,5 Zentimeter nicht überschreiten. Da man im sowjetischen Raumfahrtszentrum wegen der österreichischen »Sitzriesen« aus verständlichen Gründen keine neuen Raumkapseln bauen wollte, blieb eine ganze Reihe hochbegabter Kandidaten und ausgesprochen netter Kollegen auf der Strecke.

Während meiner Sport-Karriere als Wasserballspieler hatte ich mir das eine oder andere Mal schon ein paar Zentimeter dazugewünscht. Doch was mir damals auf einen wirklichen Spitzenschwimmer gefehlt hatte, wurde jetzt zu einem unschätzbaren Bonus. »Small is beautiful«, lautete die Devise. Clemens hatte sich dabei mit aller Kraft zusammengestaucht, wie er mir später gestand. Er ist 1,84 Meter groß und hatte echte Bedenken, zu lang für einen Kosmonauten zu sein. Nicht ganz unbegründete Bedenken, wie sich bald herausstellen sollte. Genau 94,5 Zentimeter wurden bei ihm gemessen. Später in Moskau rätselten die »Körpervermessungstechniker«, wie er überhaupt die Qualifikation geschafft haben konnte. Dort sind die Maßbänder auch nicht anders geeicht. Und trotzdem maß man bei Clemens 95,5 Zentimeter. Doch zu diesem Zeitpunkt war es schon zu spät, denn mein Freund, der »Duckmäuser«, steckte mitten in der Ausbildung. Manchmal ist es ratsam, den Kopf einzuziehen, um nicht aus der Menge herauszuragen. Doch man muß den richtigen Moment erkennen.

Nach diesen Auswahlschritten sollten eigentlich noch 15 Kandidaten übrig sein. Doch die Auswertung ergab, daß nur dreizehn die Eignung besaßen. Keine Unglückszahl – zumindest für die nicht, die es geschafft hatten.

Auch zwei Mädchen erreichten den Aufstieg in die nächste Runde. Ich bin sicher, daß einige, die diese harten Vorprüfungen überstanden hatten, nun ihre Meinung über das

»schwache Geschlecht« grundlegend revidieren mußten. Doch was mich noch mehr freute, war die Tatsache, daß ich selbst ohne größere Probleme im Rennen geblieben war.

Die abenteuerlichen und spektakulären Auswahlschritte waren damit abgeschlossen. Von jetzt an dominierten medizinische und psychologische Untersuchungen.

Franz Viehböck

Der Turmbau zu Babel

Am 22. Mai 1989 trafen die 13 Kandidaten einander wieder. Und zwar am Institut für Angewandte Psychologie und Beratung in Wien. An diesem Tag wurde die psychische Verfassung jedes einzelnen genau unter die Lupe genommen.

Auf unserem Weg zu den Sternen mußten wir gleich zu Beginn einen Stern zeichnen, von dem man nur das Spiegelbild sah. Diese Aufgabe, die sich später unter Belastung wiederholte, mußte man so schnell wie möglich lösen. Die Zeit wurde gewertet. Auch die Rechenaufgaben, bei denen man sich unendlich viele Zahlen merken mußte, waren ein Rennen gegen die Uhr. Wie auch die Labyrinth- und Würfelspiele.

Wir gerieten unter gewaltigen Streß. Obwohl einige dieser Übungen eine gewisse Ähnlichkeit mit Gesellschaftsspielen aufweisen, empfand das wohl in diesen hektischen Augenblicken keiner von uns so.

Etwas ruhiger, jedoch nicht weniger belastend, liefen die Persönlichkeitstests ab. 500 Fragen, teilweise mit Zeichnungen und Sprechblasen zum Ausfüllen, waren zu beantworten. Auch die Phantasie wurde auf die Probe gestellt. Wir mußten unsere Eindrücke von verschiedenen Bildern, die man uns vorlegte, möglichst plastisch schildern.

Während man auf dem bereits wohlbekannten Standfahrrad bei 140 Puls in die Pedale hämmerte, legten uns die Prüfer ähnlich schwierige Rechenaufgaben vor, wie wir sie einige Stunden zuvor schon hatten lösen müssen. Diesmal kam jedoch die extreme körperliche Belastung als Erschwernis hinzu.

Auch die Konzentrationstests unter extrem starker Lärmbelastung waren nicht das reine Honiglecken. Als unsere Köpfe schon zu rauchen begannen, ich möchte fast sagen: zu platzen drohten, wurden auch unsere Augen noch genau unter die Lupe genommen. Bei diesen Flimmertests mußte

27

man exakt jenen Zeitpunkt erkennen, in dem eine Lichtquelle zu flackern aufhörte und kontinuierlich zu leuchten begann.

Als ich das Haus verließ, hatte ich das Gefühl, soeben eine Gehirnwäsche überstanden zu haben. Wie so oft war ich unsicher, ob ich gut abgeschnitten hatte. Meine bisherigen Testergebnisse gaben mir jedoch ein gewisses Gefühl der Sicherheit.

Das Konkurrenzverhältnis, welches die Situation naturgemäß erforderte, da sich ja nur einer qualifizieren konnte, war zeitweise gar nicht spürbar. So zum Beispiel am 2. Juni, genau zehn Tage nach den Einzeltests. Wieder kamen wir in den Räumen des Instituts zusammen. Doch diesmal wurden wir in zwei Gruppen zu sieben beziehungsweise sechs Personen aufgeteilt.

Die gruppendynamische Komponente der psychologischen Übungen begann mit einer »Robinsonade«: Wir mußten uns auf den Rücken legen und versuchen, eine Situation völliger Entspannung zu erreichen. Dann wurde uns eine Aufgabe gestellt: Ankunft mit einem Boot auf einer einsamen Insel – Motor kaputt. So, nun mußten wir mit dieser Geschichte etwas anfangen, sie weiterspinnen und schließlich zu einem Happy-End bringen. Ich glaube, es ist leicht vorstellbar, daß die Dialoge, die sich aus diesem Thema ergaben, nicht immer ganz ernstzunehmen waren.

»Ich tauche und versuche, die Schraube zu reparieren«, schlug einer vor. »Sei vorsichtig! Hier gibt es Haie«, sabotierte ein anderer. »Laß' ihn nur. Dann haben wir einen Konkurrenten weniger«, meinte der dritte. »Das ist ungerecht«, protestierte der Taucher. »In der Umlaufbahn gibt es keine Haie!«

Jedenfalls führten wir das Märchen auch ohne Menschenopfer zu Ende. Und unser Schiffbruch kulminierte in einer rauschenden Beach-Party mit den Eingeborenen, die wir rechtzeitig herbeigezaubert hatten und die zum Glück keine Kannibalen waren.

Nicht weniger amüsant verlief der »Turmbau zu Babel«, der als nächstes auf dem Programm stand. Innerhalb einer Stunde sollte es gelingen, nur aus Papier einen möglichst hohen Turm zu basteln, wobei ein Holzlineal unser einziges Werkzeug dafür war. Es ging etwas chaotisch zu in unserer

Gruppe. Wir schafften es nicht, einen mannshohen Turm zu bauen, wie wir es uns vorgenommen hatten. Bei 135 Zentimetern blieben wir stecken. Ein äußerst unbefriedigendes Ergebnis, zumal die andere Gruppe in der gleichen Zeit einen mehr als zwei Meter großen Obelisken in das Zimmer gezaubert hatte.

Zu unserem Glück war jedoch nicht die Höhe des Turmes ausschlaggebend, sondern das Verhalten der einzelnen Personen innerhalb der Gruppe. Wir hatten so etwas geahnt, doch es wäre keiner auf die Idee gekommen, sich besonders auffällig zu benehmen und dadurch den gemeinschaftlichen Zweck des Unternehmens zu gefährden.

Eine Reihe von Denksportaufgaben bildete den Abschluß der gruppendynamischen Übungen. Ich glaube, ich übertreibe nicht, wenn ich sage, daß die Psychologen von unseren Leistungen begeistert waren.

Eine bestimmte, besonders knifflige Denksportaufgabe war bis zu diesem Zeitpunkt noch von keiner anderen Gruppe an diesem Institut gelöst worden. Als wir das erfuhren, und als sich herausstellte, daß beide Gruppen diese Aufgabe richtig gelöst hatten, fühlte sich wohl jeder von uns zum ersten Mal wirklich wie ein Kosmonaut.

Schneewittchen und die sieben Zwerge

»Lower Body Negative Pressure« heißt das medizinische Schlagwort. Das klingt höchst wissenschaftlich ... und ist es auch. Doch für die Fachleute in Köln, denen wir in der Woche von 4. bis 10. Juni vorgestellt wurden, ist dieser Test natürlich Routine. Und sie haben ihm den Spitznamen »Schneewittchen« gegeben.

Der Unterkörper befindet sich dabei bis zum Bauch in einem hermetisch abgeschlossenen Kasten, in dem stufenweise der Druck reduziert wird. Dadurch kommt es zu einer Verschiebung der Körperflüssigkeiten in die unteren Extremitäten.

Der maximale Druckunterschied betrug 100 Millimeter auf der Quecksilbersäule. Der Kreislauf wurde ständig genauestens kontrolliert, und schon bei den geringsten Anzeichen einer drohenden Bewußtlosigkeit wurde der Unterdruck sofort abgeschaltet.

Einige Kollegen schafften es nicht bis zum maximalen Druckunterschied, da die Ärzte die Reaktion des Kreislaufs schon vorzeitig als kritisch beurteilt hatten. Doch erst nachdem der normale Druckzustand wiederhergestellt war, verspürten diese Kandidaten eine leichte Ohnmacht. Weder Clemens noch ich hatten Probleme, den maximalen Unterdruck zu überstehen. Immerhin wußten wir nun, daß unser Kreislaufsystem hervorragend funktionierte, denn dieses Gerät ist wohl eine Art Garantie dafür.

Schon bald wird man den »Schneewittchensarg« auch in den Spitälern für diesbezügliche Untersuchungen verwenden. Doch ich fürchte, man wird sich einen anderen Spitznamen einfallen lassen müssen, um die Patienten nicht restlos zu veschrecken.

Nachdem wir aus Köln zurückgekommen waren, hatten wir wieder eine Phase überstanden. Noch waren alle 13 im Bewerb, doch von nun an konnte man die Auswahl nicht

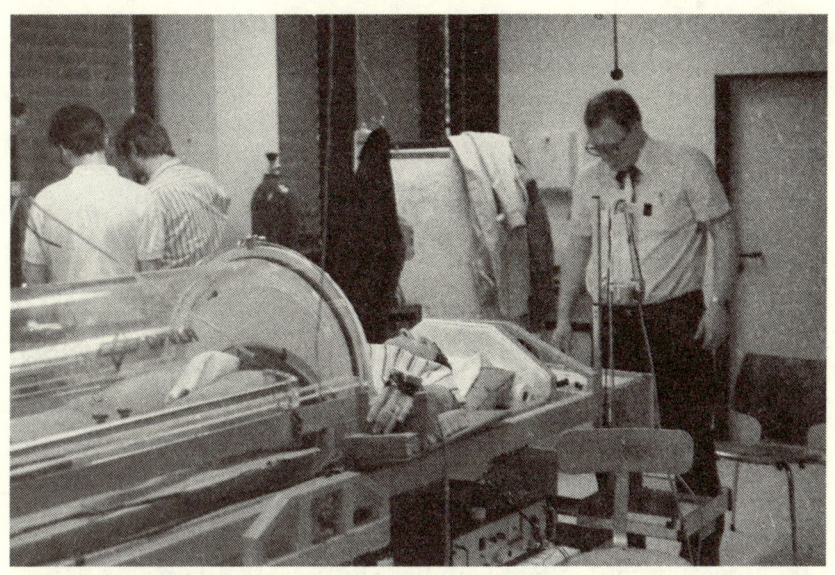

Franz Viehböck beim Lower Body Negative Pressure Test im Rahmen der Auswahl bei der Deutschen Forschungs- und Versuchsanstalt für Luft- und Raumfahrt in Köln...

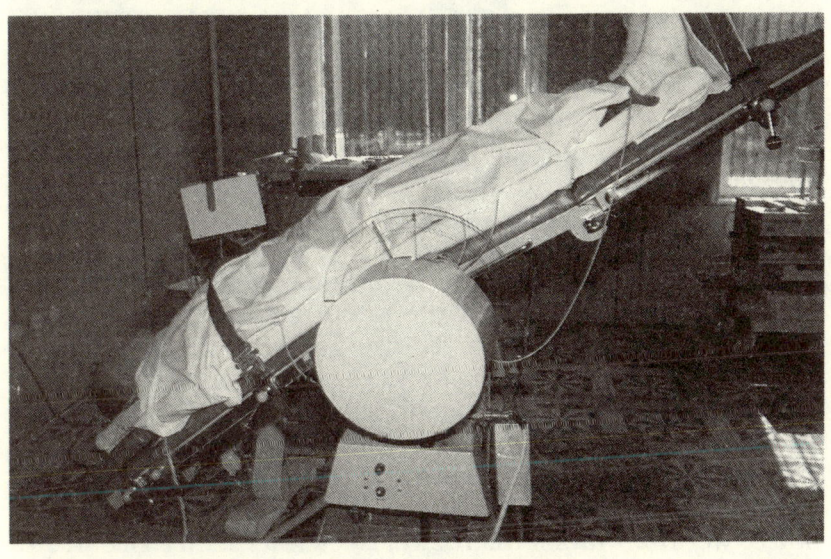

...und auf der Hämodynamik-Pendelliege, einem routinemäßig verwendeten Trainingsgerät zur Gewöhnung des Kreislaufs an die Schwerelosigkeit.

mehr als Spaß betrachten. Es standen uns endlose Quälereien bevor, und ohne eine Extraportion Ehrgeiz hätte wohl keiner weitergemacht.

Für mich jedenfalls hieß das erklärte Ziel von diesem Moment an »Moskau«.

Gleich nach unserer Rückkehr aus Köln wurden wir als stationäre Patienten ins Heeresspital Stammersdorf »eingeliefert«. Jede einzelne unserer Körperzellen wurde ganz genau untersucht. Es ist ganz einfach unmöglich, daß es nach diesen zwei Wochen in Österreich auch nur einen einzigen Menschen gegeben hat, der besser als wir über seinen Gesundheitszustand Bescheid wußte.

Die für den Patienten zweifellos langweilige Prozedur ging für die Ärzte weit über die Grenzen der täglichen Routine hinaus. Und schließlich bekam dieser Spitalsaufenthalt noch einen dramatischen Aspekt: Bei einem unserer Mitbewerber wurde ein schwerer, jedoch heimtückisch versteckter Herzfehler festgestellt. Die Verbindungswand zwischen der rechten und der linken Herzkammer hatte ein Loch.

Der junge Mann, der nicht die geringste Ahnung gehabt hatte, in welch großer Gefahr er sich befand, mußte sich noch in diesem Sommer einer Operation unterziehen. Diese verlief zum Glück völlig ohne Probleme. Er ist seither geheilt.

Das Erschreckende daran ist der Konjunktiv: Hätte man den Fehler nicht entdeckt, so hätte er sich in wenigen Jahren schwerwiegend – unter besonders ungünstigen Umständen sogar tödlich – auswirken können. So aber wurde ein Menschenleben gerettet.

Meiner Meinung nach waren von diesem Zeitpunkt an die hohen Kosten, die diese Untersuchungen verursacht hatten, mit einem Schlag zur Gänze gerechtfertigt. Denn wer kann schon den Preis für ein Menschenleben festsetzen?

Verblüffend und beängstigend zugleich ist allein die Tatsache, daß dieser Kandidat im Rahmen der Auswahl und der damit verbundenen Strapazen trotz seines Leidens so weit gekommen war. Nachdem er von seinem Herzfehler erfahren hatte, wohnten tatsächlich zwei Seelen in seiner Brust. Auf der einen Seite war er natürlich froh über die geglückte und relativ unkomplizierte Rettung, andererseits war ihm auch eine gewisse Enttäuschung ins Gesicht geschrieben.

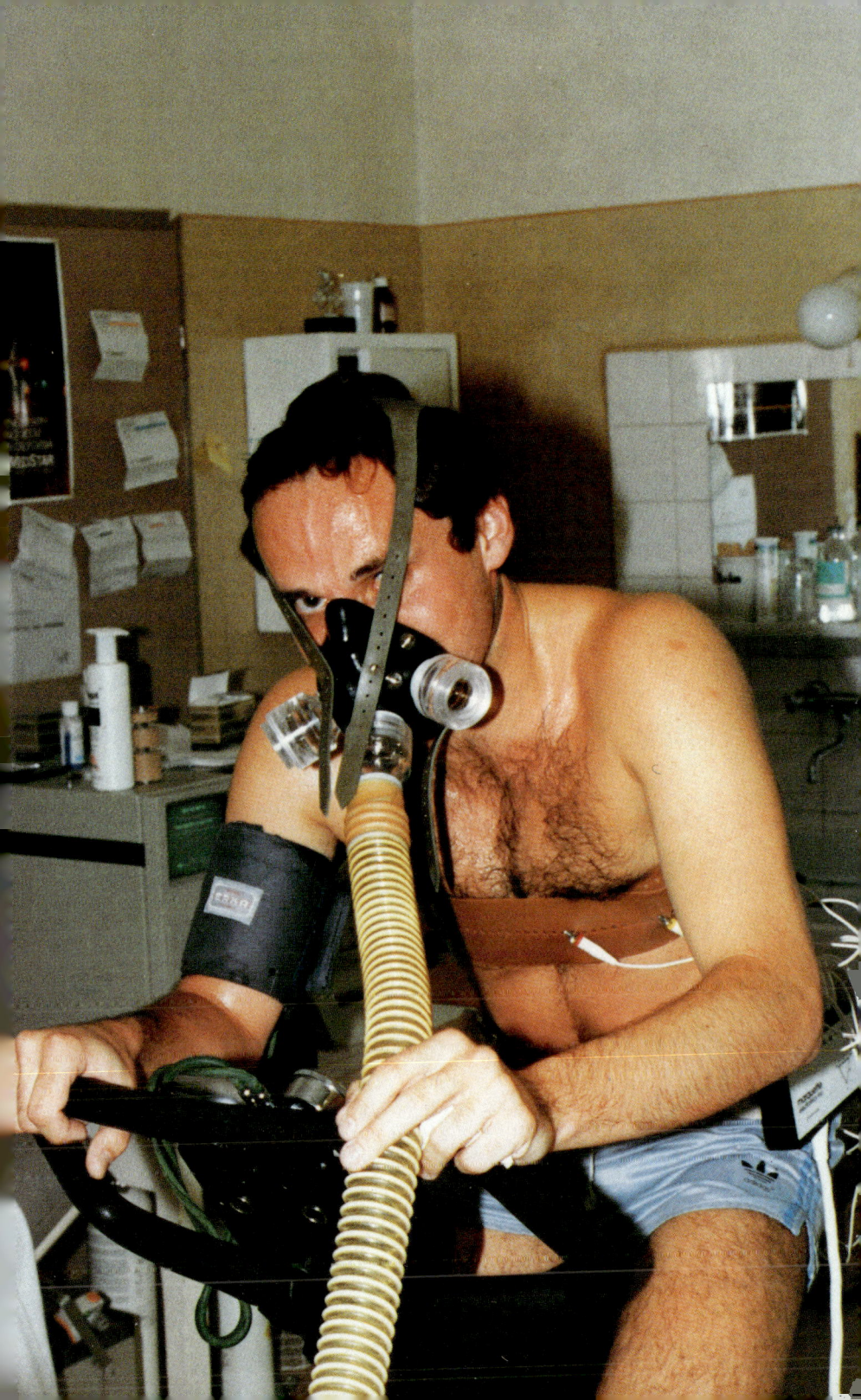

Die Tester hatten ihm, so erzählte er, sehr oft das Gefühl gegeben, daß er der Favorit und die unumstrittene Nummer 1 für den freien Platz in der Raumkapsel gewesen sei. So aber war ihm jede Chance genommen. Und zwar vom eigenen Körper.

Eine Reihe von Tests, mit denen wir hier in Stammersdorf konfrontiert wurden, war uns schon zu einem früheren Zeitpunkt im Rahmen der Vorauswahl begegnet. Auf dem Ergometer hätte ich mir zu diesem Zeitpunkt tatsächlich bereits die Lizenz als Rad-Profi lösen können. Aber auch der Drehstuhl war ein alter Bekannter. Ganz abgesehen von den rein medizinischen Untersuchungen, die wir über uns ergehen lassen mußten. Doch jedes einzelne Ergebnis wurde zweckorientiert und wesentlich penibler als zuvor ausgewertet.

Aber nicht nur aus diesem Grund hatten wir den Eindruck, daß wir dem Kern der Sache jetzt immer näher kamen. Ministerialrat Dipl.Ing. Otto Zellhofer vom Bundesministerium für Wissenschaft und Forschung führte mit uns erste Gespräche bezüglich unserer Forderungen über einen Vertrag als Kosmonaut.

Eine Gruppe von Experten testete unser Allgemeinwissen und Verständnis für Physik, Materie, Astronomie und Medizin. Eine der Fragen blieb mir besonders gut in Erinnerung: Man befindet sich im freien Weltraum, unendlich weit entfernt von irgendeinem Planeten. Man läßt einen Stein, der an einer Schnur befestigt ist, im Kreis rotieren. Wenn die Schnur reißt, in welche Richtung fliegt der Stein.

Das Spektrum der Antworten war ebenso vielfältig wie kurios: Der Stein fliegt weiterhin unendlich lang im Kreis herum. Man kann einen Stein unter diesen Bedingungen gar nicht kreisförmig drehen, die Schnur würde sich niemals spannen. Die Schnur kann gar nicht reißen. Nein, der Stein würde immer größere Kreise ziehen und dabei immer schneller werden. Oder immer kleinere, bis er schließlich im Mittelpunkt zum Stillstand kommt.

Alles ist möglich – wie beim Lotto. Doch auch die richtige Antwort wurde ein paarmal gegeben: Der Stein würde kerzengerade in Richtung Unendlichkeit weiterfliegen.

Nach diesen zwei Wochen kam eine sowjetische Ärztedelegation nach Wien und wählte zusammen mit den öster reichischen Spezialisten fünf der 13 verbliebenen Kandidaten aus.

Beide Damen, Mag. Gertraud Waich und Dipl.Ing. Elke Griedl, sowie der bereits erwähnte Oberstleutnant Robert Haas waren noch mit dabei. Außerdem standen noch Dr. Clemens Lothaller und Mag. Manfred Jeitler auf der Liste.

Mein Name fehlte hingegen.

Nun, ich war relativ weit gekommen, brauchte mir nichts vorzuwerfen, wenngleich ich meine Enttäuschung nicht verhelen konnte. Doch nach den ersten Schrecksekunden stellte sich heraus, daß man zwei Kandidaten nur unter gewissen Bedingungen akzeptiert hatte: Mag. Peter Friedrich mußte sich die Mandeln nehmen lassen. Bei mir hatte man hingegen im Zuge der Untersuchungen festgestellt, daß meine Nasenscheidewand schief war. Auch ich mußte unters Messer.

Obwohl ich das Gefühl hatte, daß meine Chancen durch diese »Bedingung« stark reduziert waren, durfte ich zumindest noch hoffen.

Allerdings begannen die anderen, während Friedrich und ich operiert wurden, bereits mit einem speziellen Vorbereitungstraining für die Endausscheidung in Moskau. Eine Woche im Heeresspital, in der ich Zeit hatte, nicht nur meine Nase, sondern auch meine Gedanken zu begradigen.

Bisher war alles so glatt gegangen. Doch vielleicht war die Erfahrung, plötzlich schlechtere Karten zu haben als die anderen, sogar wichtig für mich.

Im August durften wir dann endlich mit den anderen trainieren. Kraft, Ausdauer, Drehstuhl – nichts Neues für einen »Routinier« wie mich. Die Frage nach dem Ergometer erübrigt sich. Die Wiener Gruppe (alle bis auf Robert Haas und Gertraud Waich) trainierten dreimal in der Woche gemeinsam. Christian Nemetz aus dem Kreis von Dr. Huber und Dr. Bein, der sich von Anfang an um unsere sportliche Ausbildung gekümmert hatte, leitete auch diese Übungen.

Doch auch die freien Tage waren alles andere als frei. Wir mußten unsere physischen »Hausübungen« möglichst mit der gleichen Konsequenz absolvieren wie die »Schularbeiten« unter Aufsicht. Und an jene Hausaufgabe, die ich noch bis vor kurzem für die wichtigste meines Lebens gehalten hatte, war in diesem Moment nicht mehr zu denken:

Meine Dissertation mußte von jetzt an warten. Ich arbeitete an einem schnellen, hochauflösenden Analog-Digital-Konverter. Das ist ein elektronisches Bauelement, das ein analoges Signal – etwa eine elektrische Spannung – in einen digitalen Code umwandelt.

Wenn mir vor einigen Monaten jemand gesagt hätte, daß es etwas Wichtigeres als meine Doktorarbeit geben könnte, ich hätte ihn ausgelacht. Ich muß zugeben, daß die erfolgversprechende Bewerbung mein Leben komplett umgewandelt hatte – auch ohne die Hilfe meines Konverter...

Immerhin war ich ins Finale der letzten Sieben gekommen. Was mit Schneewittchen begonnen hatte, hörte mit den sieben Zwergen auf ... oder es ging erst richtig los. Je nach Betrachtungswinkel.

Franz Viehböck

Das große Finale

Der Abflug nach Moskau war für 15. September 1989 geplant. Doch selbst die letzte Woche vor diesem Termin wurde noch genutzt, um uns zu testen.

Das Institut für Neurologie in Innsbruck bereitete drei Experimente für den Raumflug vor. Die Leute, die daran arbeiteten, wollten aus verständlichen Gründen wissen, ob sich die auserwählten Kandidaten überhaupt für diese Experimente eignen würden. Und so mußten wir zu projektspezifischen Tests nach Innsbruck, wo unsere diesbezügliche Tauglichkeit festgestellt werden sollte.

Wieder in Wien, stellte sich uns noch einmal der bewegungsunfähige Drahtesel in den Weg: Christian Nemetz und Dr. Huber wollten noch ein letztes Mal unsere körperliche Verfassung überprüfen. Doch diesmal entging ich dem Ergometer-Test: Ich holte mir eine Erkältung, die ich dann sogar noch ins zentrale Fliegerhospital für Piloten und Kosmonauten nach Moskau mitbrachte. Verschnupfte Aussichten waren das!

Samstag, 15. September 1989, zwölf Uhr mittag. Sightseeing im Zeitraffer: Sagorsk, Jungfrauenkloster mit Friedhof – besonderer Hinweis auf das Grab eines berühmten Kosmonauten, Kreml mit Kremlmauer – besonderer Hinweis auf die Gedenktafel für Juri Gagarin. Schon am Montag in der Früh begannen die ersten Untersuchungen.

Und zur gleichen Zeit waren bereits harte Verhandlungen zwischen den österreichischen und den sowjetischen Ärzten im Gange. Die Österreicher wollten, daß zumindest die Röntgenbilder und einige andere Befunde anerkannt werden. Doch die sowjetischen Ärzte bestanden auf neuen Untersuchungen, was mir ein wenig absurd vorkam. Innerhalb von knapp zwei Wochen sollten sämtliche Befunde neu eingeholt werden.

Die Atmosphäre zwischen den Berufskollegen der medizi-

nischen Zunft war an diesem Abend jedenfalls sehr gespannt. Dazu kam noch, daß aufgrund der beginnenden
Untersuchungen der Eindruck entstand, daß wir alle krank
und als Kosmonauten keinesfalls geeignet seien.

An jedem gab es irgendetwas auszusetzen. Bei mir war es
die importierte Infektion, ein Nagelpilz an beiden großen Zehen und leicht erhöhter Blutdruck. Zwar wurde meine
Verkühlung speziell behandelt, Medikamente durfte ich jedoch keine zu mir nehmen. Diese hätten ja wiederum andere
Untersuchungsergebnisse negativ oder positv beeinflussen
können.

Doch mit der Zeit gewöhnten wir uns alle an die griesgrä-
mige, leicht depressive Stimmung. Die übrigen Routine-Un-
tersuchungen verliefen unter relativ normalen Bedingungen.

Nur die Tests selbst wurden wesentlich aggressiver: Der
altvertraute Drehstuhl bewegte sich mit einer halben Umdrehung pro Sekunde, wobei wir im Zwei-Sekunden-Rhyth-
mus abwechselnd den Kopf nach links und rechts drehen
mußten. Und das bei geschlossenen Augen für volle zehn
Minuten.

In Moskau gehen die Uhren anders, so dachte ich. Und
nicht bloß um eine Stunde vor.

Aktion Sturzflug – das nächste Killer-Kriterium: Diese
Unterdruckkammer ist ein spezieller Simulator, bei dem
festgestellt wird, wie gut man mit der schnellen Überwindung von Höhenunterschieden fertig wird. Der Druck wird
so reduziert, als würde man mit einer Geschwindigkeit von
zwanzig Metern pro Sekunde auf 5000 Meter Höhe aufsteigen. Dann folgt der Sturzflug: 40 m/s auf Seehöhe. In
Perchtoldsdorf, wo ich herkomme, haben die Berge zwar
noch gar nicht richtig angefangen, doch das Klischee vom
ständig jodelnden und in Felswänden herumkletternden
Lederhosenträger, das man im Ausland von uns Österrei-
chern malt, konnten wir alle dank unserer Werte voll bestätigen. Obwohl selbst auf dem Drehstuhl, an den wir danach
noch einmal mit geneigtem Haupt geschnallt wurden, keiner
wirklich zu jodeln begann.

Sonntag war Ruhetag – die Ruhe vor dem Sturm. Denn am
Montag wurden wir gleich in der Früh erstmals ins
Sternenstädtchen geführt. Doch der Weg zu den Sternen

war alles andere als ein Ausflug. Ein wichtiger, vielleicht der entscheidende Test der gesamten Ausscheidung stand uns an diesem Tag bevor: die gefürchtete Zentrifuge.

In der Mitte einer grauen, ziemlich trostlosen Halle steht ein gewaltiges Ungeheuer aus blau lackiertem Metall. Am Ende eines 18 Meter langen Stahlarmes ist eine, in allen drei Raumachsen drehbare Kapsel kardanisch aufgehängt. In dieser Zelle wird die Versuchsperson angeschnallt. Der Innenraum ist klimatisierbar. Es kann Unterdruck erzeugt werden, der einer Höhe von vierzig Kilometern entspricht.

Die Anlage wiegt mehr als 200 Tonnen und wird von einem 7-MW-Motor angetrieben. So gewaltig dieses Wunderwerk der Technik auch sein mag: Ich wurde schon beim Betreten des Raumes, in dem es sich befindet, von der russischen Realität eingeholt. Ich öffnete die Tür und ... hatte die Türschnalle in der Hand.

Die maximale Belastung, die mit dieser Zentrifuge erreicht werden kann, beträgt 30 g. Das entspricht also der dreißigfachen Erdbeschleunigung.

Pro Sekunde kann die Belastung um fünf g erhöht werden. Die maximale Beschleunigung kann also bereits nach sechs Sekunden erreicht sein. Und wenn das der Fall ist, dann dreht sich der gewaltige Arm des Stahlmonsters 39 Mal pro Minute.

Setzt man einen Mann, der angenommen 100 Kilo wiegt, in diese Kapsel, wo würde er beim Erreichen der maximalen Belastung drei Tonnen wiegen. Nur zur Beruhigung: Man tut es nicht, denn diesen enormen Druck würde kein Mensch lebend überstehen. Man verwendet diese hohe Drehzahl nur für Materialtests.

Die normalen Untersuchungen werden bei 8 g durchgeführt. Das bedeutet in meinem Fall 560 kg bei einem Normalgewicht von 70 kg. Beim Wiedereintritt in die Erdatmosphäre können Belastungen von vier bis fünf g auftreten. Bei unkontrolliertem Eintritt kann dieser Wert jedoch auf 12 g steigen.

Für Bruchteile von Sekunden wurden hier im Sternenstädtchen bereits Belastungen bis zu 18 g an Menschen ausprobiert, wie uns erklärt wurde. Das scheint jedoch so ziemlich der »Weltrekord« zu sein, wobei jede weitere Steigerung für die Testperson tödliche Folgen haben könnte.

Die größte Zentrifuge der Welt.

Das Monstrum in Aktion: 8 g.

Wir wurden zwei verschiedenen Arten der Belastung ausgesetzt. Drei Minuten lang mußten wir 5 g in Richtung der
Körperachse ertragen, wobei das Blut aus dem Kopf in die
Beine gedrückt wird. Wesentlich realistischer für Kosmonauten ist jedoch die frontale Belastung vom Brustbein zur
Wirbelsäule. Nach einem Probelauf von zwei Minuten bei
vier g, wurden wir mit 8 g in unseren Sitz gedrückt. Es ist in
dieser Situation nicht mehr möglich, den Arm zu heben, da
dieser ja bereits das achtfache Gewicht hat. Auch die Beine
sind wie einbetoniert.

Doch bevor wir in dieses Ungetüm kletterten, das über
unser weiteres Schicksal entscheiden sollte, mußten wir
noch einen kurzen Intensivkurs zum Thema »Bauchatmung« mitmachen. Bei 8 g – und diese Belastung mußten
wir immerhin vierzig Sekunden lang aushalten – hat man
keine Chance, normal zu atmen, da der Druck auf die Lungen viel zu groß ist. Während dieser Phase muß man unter
allen Umständen versuchen, den Brustkorb angespannt zu
lassen und mit dem Bauch den Luftstrom aufrecht zu erhalten. Diese spezielle Wirkung der Zentrifugalkraft kann man
zu Hause simulieren, indem man sich auf den Rücken legt
und einen anderen – vorsichtig! – auf die Brust steigen läßt.

Blutdruck und Puls werden während dieser Tests durch
spezielle Sensoren, die an der Versuchsperson angebracht
sind, über Fernsehschirme kontrolliert. Außerdem werden
in der Kapsel einige spezielle Untersuchungen des
Sehvermögens durchgeführt, da sich dieses durch den gewaltigen Druck stark verändert. Im Extremfall kommt es
zum sogenannten Blackout, bei dem man überhaupt nichts
mehr sieht.

Die Testperson muß während des gesamten Versuchs die
sogenannte Totmann-Taste drücken. Im Falle von Bewußtlosigkeit läßt sie diese automatisch aus, und das Gerät
kommt sofort zum Stillstand. Bei eventuellen anderen Problemen kann sie die Taste auch freiwillig auslassen, um den
Test vorzeitig zu beenden.

Dieses Prinzip wird schon seit gut einem halben Jahrhun-
dert bei Lokomotivführern verwendet, damit ein Zug nicht
ungebremst weiterrasen kann, falls der Fahrer aus irgendeinem Grund das Bewußtsein verloren haben sollte.

Ein sowjetischer Arzt erzählte mir viel später, daß Clemens

und ich bei den Tests in der Zentrifuge am besten abgeschnitten hatten. Nun sollte man nicht annehmen, daß dieses Ungetüm allein über unsere Nominierung entschieden hat, doch mit Sicherheit hat es in allen Überlegungen eine gewichtige Rolle gespielt.

In krassem Gegensatz zu dieser Beurteilung stand ein scherzhafter Ausspruch von Clemens: »Ich fühl' mich so, als wäre eine Dampfwalze über mich drübergefahren«, sagte er. Ich muß zugeben, daß man das Gefühl in der Zentrifuge nicht treffender beschreiben kann.

Wie gut wir abgeschnitten hatten, wußten wir zu jenem Zeitpunkt, als wir auf einen Rundgang durch das Sternenstädtchen geführt wurden, allerdings noch nicht. Aus diesem Grund betrachteten wir alles genauso, wie es normale Touristen getan hätten. Die Trainingsgeräte, die Simulatoren, die Überwachungsräume und schließlich das 1:1-Modell der Raumstation MIR in einer Halle, die eigentlich viel zu klein dafür ist.

Wunderwerke der Technik – und doch eine völlig fremde Welt. Fasziniert betrachtete ich die ausgereifte Technologie des Trainingsgerätes. Ich konnte mir beim besten Willen noch nicht vorstellen, daß ich derjenige von uns sein sollte, der in dieser Raumstation leben und arbeiten würde. Doch ich bin sicher, daß es den anderen genauso erging.

Dann wurden wir auch durch das Sternenstädchen selbst geführt, in dem hauptsächlich Ausbildner, Ärzte, Techniker und Kosmonauten wohnten. Man zeigte uns eine der Wohnungen, in denen wir ab Jänner 1990 zwei Jahre lang leben sollten. Später erkannte ich diese Musterwohnungen wieder – als Clemens dort einzog. Ihm selbst war sie jedoch völlig unbekannt, da er diesen Teil der Führung »geschwänzt« hatte: aus Desinteresse, wie er sich ausdrückte. Er hätte sich ohnehin nicht vorstellen können, daß er jemals dort wohnen würde. Darum habe er sich auch aus der Besichtigung nicht das geringste gemacht. Wie man sich doch täuschen kann...

Die Tests in der Zentrifuge waren der letzte Abschnitt der Untersuchung gewesen. Von jetzt an hieß es warten. Zehn Tage nichts als warten! Noch heute kommt es mir vor, als wären es die längsten Tage meines Lebens gewesen. Zwar wurden uns immer wieder ein paar Sehenswürdigkeiten von Moskau gezeigt, doch die Zeit verging quälend langsam.

Die Abende im Spital – wir waren mit Sicherheit die gesündesten Patienten zu diesem Zeitpunkt – verbrachten wir mit Kartenspielen und sonstigen Gesellschaftsspielen. Interessiert beobachtete ich dabei das Verhalten der einzelnen Kollegen. Ganz im stillen machte ich mir ein Bild, wie sie wohl reagieren würden, wenn man sie nicht nominieren würde? Manche wurden mit Niederlagen viel leichter fertig als andere.

Samstag, 6. Oktober 1990. Der Tag der Entscheidung begann ... mit Untersuchungen. Was sonst! Fünfzig sowjetische Spitzenärzte fielen wie die Geier über uns her. Da natürlich einige vom selben Fach waren, ließen sich Doubletten nicht vermeiden, vielleicht waren sie sogar geplant. Jedenfalls wurden meine Zähne von zehn Ärzten abgeklopft, mindestens ebenso viele schauten mir in den Hals, in die Nase und ins Ohr.

Nachdem alle Kandidaten nochmals von allen Ärzten untersucht worden waren, trat diese Kommission zur Beratung zusammen. Ihre Aufgabe war es, festzustellen, wer von den Kandidaten generell für das Raumprojekt tauglich war.

Nach der Tortur der Untersuchungen mußten wir erneut warten. Die Spannung war unerträglich. Es wurde nicht mehr viel gesprochen. Und wenn, dann wurde nur noch aus Verlegenheit geblödelt. Doch der »Schmäh«, der da lief, ist es nicht wert, schriflich festgehalten zu werden. Wir fanden ihn nur in der gegebenen Situation witzig.

Schließlich wurden wir einzeln in den Beratungssaal geführt, wo uns das Ergebnis der sowjetischen Kommission bekanntgegeben wurde. Ich mußte relativ lange warten. Von den sieben Kandidaten kam ich als fünfter an die Reihe. Dieser Schritt hätte ja schon die endgültige Entscheidung bedeuten können. Und bei anderen ausländischen Kosmonauten war es auch oft der Fall gewesen, daß nach dem Jury-Entscheid der sowjetischen Ärzte nur noch zwei Kandidaten übrig geblieben waren.

Von den Gesichtern jener Kandidaten, die den Sitzungssaal verließen, konnte man sehr viel ablesen. Schließlich kam ich an die Reihe. Man bescheinigte mir, in jeder Hinsicht tauglich zu sein. Doch als alle Kandidaten wieder im Vorraum beieinander standen, wurde das überdurchschnittlich gute Gesamtergebnis der Kandidaten verlautbart: Die sowjetischen Ärzte hatten fünf der sieben Österreicher das »Pickerl« gegeben! Eine kleine Sensation. Auf der Strecke blieben Peter Friedrich, der sich gleichzeitig mit mir hatte operieren lassen, und etwas überraschend auch Robert Haas. In beiden Fällen war von winzigen medizinischen Nuancen die Rede. Keiner sprach von Problemen. Vielleicht war es ein einziger Zackenausschlag auf dem EKG oder – bei Haas – das Alter. Mit 47 war der erfahrene Pilot der Älteste in unsere Gruppe.

Das erfreuliche Ergebnis hatte jedoch einen unangenehmen Beigeschmack: Wir wußten im Prinzip nicht viel mehr als vorher. Denn nun mußte die österreichische Kommission zusammentreten, um aus den fünf noch im Rennen befindlichen Kosmonauten – ich glaube, es ist nicht vermessen, alle fünf von diesem Moment an als solche zu bezeichnen – zwei auszuwählen.

Die österreichische Kommission (Zellhofer/Riedler/Huber/Bein) hatte ein Einsehen mit uns. Da sie uns während der letzten Tage warten und leiden gesehen hatte, dauerte ihre Sitzung schließlich nur eine Viertelstunde.

Gemeinsam saßen wir dann in der ersten Reihe des Konferenzsaales, als Ministerialrat Zellhofer das Wort ergriff. Er schwang keine große Reden, um zum Kern der Sache zu kommen. Die Namen fielen: Clemens Lothaller und Franz Viehböck.

Alle fünf saßen regungslos da. Der Adrenalinstoß, der sich langsam im Körper verteilte, mag bei allen gleich stark gewesen sein. Jedoch hatte er grundverschiedene Ursachen. Er schien zu lähmen. Kein Jubelausbruch, keine Freudentränen, keine Euphorie bei Clemens und mir – keine vor das Gesicht geschlagenen Hände, keine abwertenden Handbewegungen und keine Tränen der Enttäuschung auf der anderen Seite.

Ich muß zugeben, daß ich nach den Reaktionen der einzelnen Jury-Mitglieder schon vor der Entscheidung mit meiner Nominierung gerechnet hatte. Doch auf Clemens hatte ich nicht getippt. Vielleicht seiner Jugend wegen. Es war eine Überraschung, mit der wir gleichzeitig ein altes Sprichwort ad absurdum geführt hatten: Du sollst keinen Champagner einkühlen, bevor du den Sieg sicher hast. In unserem Fall war es jedoch kein Champagner, sondern es waren zwei Dosen Bier gewesen, die wir in einem Aufenthaltsraum in den Kühlschrank gelegt hatten. Wir hatten uns ausgemacht, daß wir sie unmittelbar nach der Urteilsverkündung miteinander trinken würden – egal wie das Urteil ausfallen würde. Daß wir nun auf unsere gemeinsame, völlig neue und ziemlich ungewisse Zukunft anstoßen durften, hätten wir uns allerdings nicht träumen lassen.

Den Weg zum wohlverdienten Bier mußten wir uns jedoch noch durch ein Rudel von Journalisten bahnen. Mikrofone flimmerten vor unseren Augen, Fragen prasselten auf uns nieder. Wir antworteten beide – doch ich habe keine Ahnung mehr, was wir sagten.

Bei einem gemeinsamen Abendessen mit den Ärzten und mit anderen Freunden versuchte man das Ereignis gebührend zu feiern. Doch natürlich konnten nicht alle unsere Hochstimmung teilen. Die Enttäuschung machte sich bei einigen bemerkbar, doch abgesehen von einer Ausnahme trugen es alle mit Fassung. So auch Robert Haas, der sein Glas erhob und uns herzlich gratulierte. Ein Toast, der tatsächlich von Herzen kam. Eine ergreifende Rede, in der er auch davon sprach, daß dieser Raumflug wahrscheinlich seine letzte Chance gewesen wäre, jemals diesen Planeten zu verlassen. Eine berührende Perspektive, von der aus ich die gesamte Qualifikation noch gar nie betrachtet hatte. Doch ich bin sicher, daß der Weg bis hierher auch für Robert eine enorme Herausforderung gewesen war. Und ein Mann, der schon so viel erreicht hat, wird diese »Niederlage« inzwischen wohl längst – wenn nicht noch am selben Tag – weggesteckt haben.

Nach der Rückkehr ins Spital feierten wir noch bis spät in die Nacht mit einigen unserer Kollegen. Jetzt waren wir nicht nur die gesündesten, sondern auch die fröhlichsten Patienten in diesem Haus. Denn auch bei jenen, die es nicht geschafft hatten, war zumindest der Streß mit einem Schlag abgefallen.

Schon am nächsten Tag flogen wir zurück nach Wien. Noch am Flughafen von Moskau wurden uns vom österreichischen Botschafter die ersten Glückwunschtelegramme überreicht. Bundeskanzler, Außenminister und Wissenschaftsminister gratulierten zu unserem Erfolg.

Auf dem Heimflug gingen mir viele Dinge durch den Kopf.

Zwei Jahre in Moskau zu leben – dieser Gedanke war noch ein wenig gewöhnungsbedürftig. Ich war auch noch in ihn versunken, als wir in Schwechat aus dem Flugzeug kletterten und sofort von Reportern umzingelt waren. Darum gab ich wiederum nur Routine-Antworten. Außerdem waren auch einige Freunde da, um mich abzuholen. Mit ihnen feierte ich schließlich zum zweiten Mal hintereinander das große Ereignis. Es wurde eine lange Nacht...

Größenwahn kleingeschrieben

Am Tag nach unserer Rückkehr hatte ich das dringende Bedürfnis, allein spazierenzugehen. Ich verlief mich irgendwo in den Perchtoldsdorfer Weingärten und unterhielt mich mit den Weinbauern, die gerade mit der Lese beschäftigt waren. Wie wird das wohl in zwei Jahren sein, dachte ich, wenn mich viele Leute kennen? Wie werden sich die Menschen mir gegenüber verhalten?

An diesem Tag beschloß ich, alles daranzusetzen, ein normaler Mensch zu bleiben, nicht in Größenwahn zu verfallen. Ich wollte unter keinen Umständen, daß mir die Popularität zu Kopf steigt. Meine Freunde waren mir immer sehr wichtig – und das sollte sich auf keinen Fall ändern.

Am 10. Oktober wurden wir im Rahmen einer Pressekonferenz von Wissenschaftsminister Erhard Busek im Haus der Bundesländerversicherung erstmals offiziell der Öffentlichkeit vorgestellt. Ich hatte keine Probleme mit diesem Auftritt und versuchte so natürlich wie möglich zu wirken.

Durch das allgemeine öffentliche Interesse wurde uns bald klar, daß wir auch für die Werbebranche nicht ganz uninteressant waren. Das wirkte sich natürlich in den Vertragsverhandlungen aus, die wir in den nächsten Tagen mit dem Bundesministerium für Wissenschaft und Forschung führten. Selbstverständlich wollten auch wir aus der gegebenen Situation Kapital schlagen. Doch das hatte auch das BMWF im Sinn, wenngleich die Absichten dieses öffentlichen Apparats nicht immer ganz leicht und auf den ersten Blick zu erkennen waren.

Das Beamtentum und der Bürokratismus erwiesen sich als sehr hohe Hürden im Ringen um einen für beide Seiten befriedigenden Vertrag. Ein Ministerialrat allein konnte keine Entscheidung treffen. Er mußte ständig die Zustimmungen seiner Amtskollegen in anderen Abteilungen einholen.

Das Wissenschaftsministerium, das Finanzministerium und das Bundeskanzleramt waren in die Entscheidungsfindung eingebunden.

Daß es schließlich doch zu einer vernünftigen Lösung kam, erschien mir als ebenso großes Wunder wie ein Raumflug an sich. Mit Wirkung von 1. November 1989 waren wir Vertragsbedienstete beim BMWF mit einem Sondervertrag bis Ende 1993. Als monatliches Bruttogehalt wurden 95.000 Schilling vereinbart. Alle im Ausland anlaufenden Kosten, wie Quartier und Verpflegung, sind darin allerdings enthalten. Alle Werberechte und Honorare von Sponsoren mußten wir an den Bund abtreten. Wir wurden jedoch verpflichtet, Werbung zu betreiben. Allerdings nur innerhalb eines erträglichen Rahmens. So gelang es uns, etwa die Waschmittelwerbung aufgrund unseres Vertrages abzulehnen. Die Werbetätigkeit bewegte sich zum Glück daher auf einem relativ hohen Niveau.

Leider stellte sich aber heraus, daß gerade Elektronikkonzerne oder andere österreichische Unternehmen, die mit Weltraumforschung im weitesten Sinne zu tun haben, kaum Interesse an uns zeigten. Die Industrie hielt sich eher bescheiden im Hintergrund.

Österreich ist ein kleines Land, und es ist daher verständlich, daß auch die industrielle Nutzung wissenschaftlicher Forschung in ein relativ enges Korsett gezwängt ist. Umso bemerkenswerter war die professionelle Vielfalt der Experimente, die vor allem sowjetische Wissenschaftler beeindruckte. Und zwar auch im internationalen. Vergleich zu den Errungenschaften anderer Gastprojekte in der Raumstation MIR.

Die Tätigkeit der Sponsoren bedeutete für uns in erster Linie mehr Arbeit. Die Koordination, wann und wo welcher Werbeträger ins Bild zu rücken war, erforderte jenes Geschick, an das Spitzensportler längst gewöhnt sind. Als Gegenleistung durften wir uns an einigen Vergünstigungen erfreuen. Wir waren automatisch bei der Bundesländer versichert, Volvo stellte uns für Wien ein Auto zur Verfügung, und für die Zeit in Moskau erhielten wir von der Firma Steyr einen Puch-G. Wer die Straßenverhältnisse im Großraum Moskau kennt, der weiß auch, daß ein Geländewagen dort keinen unnötigen Luxus darstellt.

Nachdem wir unsere materielle und finanzielle Zukunft so gut es ging geregelt hatten, konnten wir uns endlich wieder unserem wissenschaftlichen Auftrag widmen. Doch eine Barriere galt es noch zu überwinden: die sprachliche. Innerhalb von etwas mehr als drei Monaten mußten wir die russische Sprache beherrschen. Berlitz finanzierte uns einen Intensivkurs. Dreißig Stunden – naja, die praktische Sprachenerfahrung in der langen Zeit vor dem Flug würde uns wohl weiterhelfen.

Der eigentliche Sinn des Raumfluges aus österreichischer Sicht waren Experimente in der Schwerelosigkeit. Von verschiedenen Instituten in Österreich wurden diese Versuche erarbeitet. Im November und Dezember gingen wir daher sozusagen auf unsere erste berufliche »Österreich-Rundfahrt«. Wir erlebten Gala-Diners, Empfänge bei Bürgermeistern und Vorträge aller Art. Wir durften in den besten Hotels absteigen und in den feinsten Restaurants speisen. Die variantenreiche und gute österreichische Küche begann ich vor allem später, als ich in Moskau wohnte, wirklich zu schätzen. Ich lernte einen Lebensstil kennen, den ich bisher nur aus Erzählungen gekannt hatte.

Als UNI-Assistent hatte ich mich bisher immer um die billigste Art der Verpflegung umgesehen, stieg während meiner Urlaubsreisen grundsätzlich in einfachen Pensionen ab und war auch sonst ein ziemlicher Sparmeister. Jetzt schlief ich plötzlich in Nobelhotels, doch ich bilde mir ein, daß ich in den etwas bescheideneren Unterkünften einfach besser geschlafen habe.

Wir machten diese Tour jedoch in erster Linie, um die einzelnen Experimente kennenzulernen und um Kontakt zu jenen Instituten und Firmen zu bekommen, die diese Versuche vorbereiteten. Im Zuge eines medizinischen Experimentes mußten wir uns im Dezember einer Muskelbiopsie unterziehen. Clemens hatte den Vorteil, Arzt zu sein und wußte wahrscheinlich, was ihm bevorstand.

Ich informierte mich sicherheitshalber. »Ein kleiner, harmloser Einstich in den Oberschenkelmuskel«, erklärte mir der behandelnde Arzt. »Gleich danach können Sie wieder ganz normal Sport betreiben. Mit einem Röhrchen wird eine Gewebsprobe entnommen und...«

Nun gut. Mehr wollte ich gar nicht wissen.

Beruhigt ging ich in den Operationssaal und – erwachte erst eineinhalb Stunden später. Eine Dreiviertelstunde hatte allein der Eingriff gedauert. Wir beide haben seither eine drei Zentimeter lange Narbe am Oberschenkel. Von Sport konnte keine Rede sein: Erst eine Woche nach der Operation konnten wir wieder halbwegs normal gehen. Das schlimmste daran war jedoch, daß noch weitere Biopsien geplant waren. Doch Gott sei Dank sprach Dr. Huber ein Machtwort. Er gestattete keine weiteren Eingriffe in die heiligen Beine »seiner« Kosmonauten.

Abgesehen von unseren Reisen nach Graz und Innsbruck waren wir auch noch damit beschäftigt, unsere Übersiedlung in die Sowjetunion vorzubereiten. Dazu kamen Interviews mit Journalisten, PR-Termine aller Art und natürlich der Sprachkurs. Wir gerieten ziemlich in Streß und beschlossen vor unserer Abreise noch eine Woche auf Urlaub zu fahren.

Der kalte Atem Moskaus

Was wußten wir schon über das Leben im Sternenstädtchen? Eigentlich nichts. Unser erster Aufenthalt hatte
trotz der spannenden Endausscheidung doch eher touristi-
schen Charakter gehabt. Doch diesmal wußte ich, schon als
ich in Wien meine Sachen packte, daß mich der zweite Eindruck ganz anders berühren würde.

Plötzlich erinnerte ich mich an all die negativen Dinge, die
mir beim ersten Mal mehr oder weniger unbewußt aufgefal-
len waren. Der 8. Jänner 1990 war auch in Wien ein kalter
Wintertag. Wie kalt mußte es erst in Moskau sein? Würde es
andauernd regnen? Welche Kleidungsstücke sollte ich ein-
packen? Der große Transport mit all unseren Sachen sollte
ja erst nach einem Monat durchgeführt werden. Sollte ich
den Tennisschläger gleich mitnehmen, oder sind die Plätze
ohnehin unbespielbar?

Nachdem ich fast fertig gepackt hatte, kam mir der Gedanke, Medikamente mitzunehmen. Immerhin hatte ich schon
im Herbst einen kleinen Vorgeschmack auf die medizinische
Versorgung in Rußland bekommen. Und da ich selbst Arzt
bin, beschloß ich, vorzubeugen. Ich hatte die sowjetischen
Spitalsärzte, die mit ihren weißen Mützen eher wie Bäcker
aussahen, noch allzu gut in Erinnerung. Jedenfalls packte
ich ein, was ich finden konnte. Zusätzlich wurden wir unmittelbar vor dem Abflug von Dr. Huber noch mit einem großen Sack voll Einwegspritzen versorgt. Ich wußte ja nicht,
ob man in der UdSSR schon einmal etwas von AIDS gehört
hatte. Mittlerweile weiß ich, daß es diese Krankheit sehr
wohl gibt: Vor etwas mehr als zwei Jahren soll in einem Spital eine große Zahl von Kindern durch mehrfach verwendete
Spritzen infiziert worden sein.

Solche und ähnliche Gedanken bewegten mich auf der
Fahrt zum Flughafen. Ich war derart geistesabwesend, daß
ich gleich einmal die richtige Abfahrt verpaßte. Die nicht

ganz ernstzunehmende Vorstellung, auf den berühmt-be-rüchtigten Ostblock-Straßen gleich direkt nach Moskau weiterzufahren, ließ mich bei der nächsten Gelegenheit jedoch sofort umkehren.

Endlich am Flughafen angekommen, war ich sofort wieder von Journalisten umringt. Ein Bild, das inzwischen fast zur Gewohnheit geworden war. Wie in Trance beantwortete ich willig alle Fragen, ließ mich fotografieren und mit Werbe-aufklebern zupflastern. Clemens, das wandelnde Abzieh-bild, vergaß um ein Haar, sich ordentlich von seiner Familie und seinen Freunden zu verabschieden. Ich genierte mich dafür. Doch auch später, bei unseren kurzen Wien-Aufent-halten, war es meist unmöglich, Arbeit und Privatleben mit-einander zu verbinden. Durch unsere Verpflichtungen blieb für die Familie fast keine Zeit.

Im Flugzeug hatten wir erstmals das Gefühl, die alte Welt hinter uns gelassen zu haben und in eine völlig neue zu flie-gen. Euphorische Stimmung überkam uns da über den Wol-ken. »Champagner!« rief Walter Bein der Stewardess nach, und Franz erhob das Glas – so, als wollte er seine Verlobung feiern. Vielleicht war es das auch in gewisser Weise: Denn Vesna, seine zukünftige Frau, war auch bei uns. Aber auch beruflich betrachtet, gab es eine Art Verlobung zu feiern. Wir schwärmten von der Zukunft, die uns mit einem Mal so po-sitiv, so geregelt, so schön und interessant erschien. Es war keine Urlaubsstimmung, die uns überkam, da steckte noch viel mehr Zuversicht und Entschlossenheit dahinter.

Dann die Landung. Die Faust aufs Auge dieser Gefühle. Wir rumpelten über den Boden der Realität – im doppelten Sinn. Ein Blick aus dem Fenster genügte: Mauern, Stachel-draht. Die Maschine drehte nach rechts: Mauern, Stachel-draht, Maschinenpistolen, speckig-grüne Uniformen. Der kalte Atem einer völlig fremden Weltanschauung wird in dichten Wolken vor den grimmigen Gesichtern der Soldaten sichtbar. Ein Gepäckswagen fährt vorbei an unserem Fen-ster, ein Koffer fällt hinunter. Der Fahrer macht sich nicht einmal die Mühe stehenzubleiben, um ihn aufzuheben.

War das dieselbe Stadt, in der ich schon vor einigen Mona-ten angekommen war? Es ist eben doch ein gewaltiger Un-terschied, ob man als Prüfling kommt, der sich auf ein kurz-fristiges Abenteuer eingelassen hat, oder aber als jemand, der die nächsten zwei Jahre seines Lebens hier verbringen will ... oder muß.

In der monströsen Flugplatzhalle warteten einige Herren in dunklen Anzügen auf uns. Ihre Gesichter waren im diffusen Licht, das durch die seit Monaten oder Jahren ungeputzten Glasscheiben sickerte, kaum zu erkennen.

Doch diese offizielle Delegation der sowjetischen Raumfahrtsbehörde überbrachte uns die erste gute Nachricht in der neuen Welt: Wir durften auf die Zoll-Formalitäten verzichten und ersparten uns damit das zweistündige Schlangestehen. Zu diesem Zeitpunkt wußte ich freilich noch nicht, daß wir diese Übung vor den Regalen und der Kasse unseres Supermarktes im Sternenstädchen hundertfach nachholen würden.

Doch auch die Russen, die uns abholten, mögen sich ihren Teil gedacht haben: Ich begrüßte jeden einzelnen in fließendem Russisch mit »Auf Wiedersehen«. Ein amüsanter Irrtum, allerdings mit einem bitteren Beigeschmack. War es tatsächlich so, daß ich am liebsten auf dem Absatz kehrtgemacht hätte?

Daß wir dann doch noch lange warten mußten, trug nicht gerade dazu bei, meine ersten Eindrücke lieben zu lernen. Ein Großteil unseres Gepäcks war ganz einfach nicht auffindbar. Rom, New York – sicher war es irgendwo angekommen, wo ich selbst auch lieber gewesen wäre. Doch schließlich tauchten die fehlenden Taschen doch noch auf: auf den Fließbändern der Maschinen aus Rom und New York. »Das ist normal«, verriet uns eine Dame, die mit einem Schild aus Pappendeckel um Taxi-Kunden warb.

Unser Empfangskomitee bestand aus Ärzten, Kosmonauten und wichtigen Leuten des Verwaltungsapparates. Jeder wollte uns viel erklären und erzählen, doch unser Wortschatz reichte ganz einfach nicht aus, um irgend etwas zu verstehen. Unser Intensivkurs war zwar sehr gut gewesen, doch in der ersten Aufregung war unser bescheidenes Vokabular wie weggeblasen. Und mit Englisch war auch nichts anzufangen.

Doch unsere Stimmung war noch keineswegs auf dem Nullpunkt angekommen – das besorgten die katastrophalen Straßen, auf denen wir in Richtung Sternenstädtchen fuhren. Die holprige Fahrt raubte uns viele Illusionen. Keines

Die »glorreichen Sieben«: Der »harte Kern« der Kosmonauten-
Kandidaten während des letzten Auswahlschrittes vor der
Basilius-Kathedrale am Roten Platz. Von links: Lothaller,
Jeitle, Griedl, Waich, Friedrich, Viehböck und Haas.

Blick auf das Sternenstädtchen vom Küchenfenster der Vieh-
böck-Wohnung aus aufgenommen.

der Autos, die uns begegneten oder die unseren Bus meist rücksichtslos überholten, hätte in Österreich ein »Pickerl« bekommen. Wir atmeten ein Gemisch aus Industriedunst und Abgasen. Alles war mit einer asphaltgrauen Staubschicht überzogen – nur die Straßen nicht, aus deren Schlaglöchern gelber Sand und Kieselsteine quollen.

Zwei Jahre, dachte ich. Womit hatte ich diese Strafe wohl verdient?

Als wir den Militärposten am gußeisernen Eingangstor zum Sternenstädtchen passiert hatten, erholte ich mich ein wenig. Die Satellitenstadt liegt, eingebettet in dichte Wälder, etwa fünfzig Kilometer außerhalb von Moskau und ist vom giftigen Odem der Schwerindustrie weitgehend verschont geblieben. Ein Paradies für hiesige Verhältnisse. Eine Oase, die man für Privilegierte erbaut hat. Wir fanden bald heraus, daß auch wir ab diesem Moment zur High Society dieser sogenannten Einheitsgesellschaft gehörten.

Franz und Vesna bezogen ihre Wohnung im sechsten Stock eines Appartmenthauses. Ich ließ mich im Erdgeschoß häuslich nieder. Als wir unsere neuen Wohnungen miteinander verglichen, erkannte Franz meine als jene Musterwohnung, die er schon im Herbst besichtigt hatte. Ich hatte damals aus Desinteresse auf diese Führung verzichtet. Wer konnte schließlich ahnen, daß ausgerechnet ich ausgewählt werden sollte?

Auf den ersten Blick war ich recht zufrieden: sechzig Quadratmeter Wohnfläche, Küche, Vorzimmer, Bad und Klo getrennt, Schlafzimmer, Wohnzimmer, Arbeitszimmer, ein Gasherd, ein Eiskasten und ein Fernsehapparat. Alles schien sauber – bis zum zweiten Blick: Die Farben der Vorhänge waren von penetranter Geschmacklosigkeit, die Sitzgarnitur hätte ich unter normalen Umständen nicht einmal im Kohlenkeller aufgestellt, die Teppiche und Tapeten beleidigten durch ihre farbliche Abstimmung die Augen.

An den Badezimmerwänden, im Waschbecken und an der Wanne klebte eine undefinierbare, grindige Masse, die ich bis zum Schluß unseres langen Aufenthaltes nie mehr ganz entfernen konnte.

Mein Gott, wie sind wir doch verwöhnt, dachte ich. Doch eigentlich war ich mehr amüsiert als schockiert. Erst die Vorstellung, daß wir hier tatsächlich in einer Oase wohnten, daß es vielen Millionen Menschen in diesem Land viel schlechter ergehen mußte, stimmte mich ein wenig nachdenklich.

Ich drehte den Fernsehapparat auf: Michael Jackson live in Concert. Wieder so ein Irrtum, der aus ersten Eindrücken entsteht. Denn normalerweise besteht das Fernsehprogramm hauptsächlich aus Übertragungen von Sitzungen des Zentralkomitees der kommunistischen Partei, aus klassischer Musik und Sportübertragungen. Doch es gibt immerhin fünf Stationen, die fast pausenlos senden. Der Massenbeeinflussung durch die Medien sind keine Grenzen gesetzt. Ob auch ich wohl einmal auf dem Bildschirm erscheinen würde?

Doch um irgendwann in dieses Rampenlicht zu kommen, stand mir noch einiges bevor. Gleich am nächsten Tag begannen wir mit unserer Arbeit. Zunächst wurden wir allen Lehrern und sonstigen wichtigen Leuten vorgestellt. Es waren etwa achtzig Personen – ich weiß nicht, ob irgend jemand von uns erwartet hat, daß wir uns auch nur einen einzigen dieser Namen merken würden.

Der nächste Schritt war der sogenannte »Med-Osmotr«. Das ist eine Untersuchung durch sämtliche Fachärzte. Sie bestätigen mit ihrer Unterschrift, daß man mit dem jeweils nächsten Trainingsschritt fortfahren darf. Vor jedem Spezialtraining, sei es auch noch so unbedeutend, muß man diesen Test bestehen. Es hat mit Sicherheit auch schon Überlegungen gegeben, diese Untersuchung vor dem Besuch der Toilette regelmäßig abzuhalten.

Nach der ersten Lektion bei unserer Russisch-Lehrerin, einer etwa sechzigjährigen Universitätsprofessorin, rauchten unsere Köpfe. Sie überschüttete uns mit Vokabeln und durchbohrte uns mit Grammatik. Wir entwickelten für die gestrenge Dame den gleichen Respekt, den ein Taferlklassler für seine erste Volksschullehrerin hat. Oft saßen wir bis spät in die Nacht an unseren Hausübungen. Doch da ein gesunder (und lernfähiger) Geist nur in einem gesunden Körper wohnen kann, begann gleichzeitig unser Intensivtraining. Liegestütz im Tiefschnee bei Dunkelheit und 15 Grad minus um 7 Uhr früh – das macht so richtig munter.

Wir fühlten uns ziemlich verloren – doch zum Glück waren da noch jene Kosmonauten-Kollegen aus England und Japan, die vor uns zur Raumstation MIR fliegen sollten. Sie zeigten uns die wirklich wichtigen Leute. Und es stellte sich heraus, daß jene Menschen, die in der Hierarchie ganz oben standen, meistens nicht die waren, an die man sich wenden konnte, falls ein Problem auftrat.

Von den Kollegen erfuhren wir auch, wo man Milch, Butter und Brot bekommen konnte – falls es all das überhaupt gerade zu kaufen gab. Und wir lernten auch bald, daß es ratsam ist, sich zu ganz bestimmten Zeiten in den Supermarkt zu begeben, wenn man etwas kaufen will, das nicht unbedingt in die Kategorie Grundnahrungsmittel fällt. Enttäuschungen blieben uns trotz dieser Erfahrungen nicht erspart.

Sollten Scherben tatsächlich Glück bringen, dann war unsere Zukunft schon vom ersten Tag an gesichert: ein Autounfall – tatsächlich etwas Alltägliches in Moskau.

Auch die Japaner hatten kurz nach ihrer Ankunft einen gehabt. Jener endete jedoch mit Prellungen und einer Gehirnerschütterung.

Unser Einstandsunfall verlief hingegen ohne weitere Folgen. Und doch hatte dieser Crash etwas Außergewöhnliches an sich: Wir saßen in einem hochoffiziellen schwarzen Wolga mit Chauffeur. Dazu ist zu sagen, daß ein schwarzer Wolga grundsätzlich etwas Hochoffizielles ist und daher im Moskauer Straßenverkehr so gut wie alles darf. Sogar bei Rot über die Kreuzung fahren. Das ist wiederum aber nicht so überraschend, da das hier ohnehin fast jeder tut...

Wir saßen also in einem schwarzen Wolga und fuhren auf Schneefahrbahn mit Sommerreifen. Auch das hat nichts Überraschendes an sich, denn Winterreifen gibt es in der Sowjetunion nicht. Der Chauffeur fuhr zu schnell, bremste, konnte das Steuer nicht halten und rutschte seitlich in ein anderes Auto.

Dieses war jedoch ein Wagen der Miliz. Und die darf in Moskau ebenfalls fast alles. Große Ratlosigkeit machte sich breit. Denn obwohl die Schuld eindeutig bei unserem Fahrer lag, waren hier ja zwei Autos kollidiert, deren Fahrer jeweils grundsätzlich keine Schuld haben durften.

Nun, was dann schließlich zwischen den beiden ausgehandelt wurde, weiß ich nicht. Ich möchte in diesem Land jedenfalls kein Straßenverkehrsanwalt sein.

Einer der beiden Engländer lachte nur nach unserer so gut wie unfallfreien Rückkehr. »Ich wurde einmal von einem Milizionär aufgehalten«, erzählte er. »Der Kerl hielt mir die Kalaschnikov unter die Nase und zwang mich zur Verfolgung eines Betrunkenen.« Danach sei es zu einem Schußwechsel gekommen, bei dem zum Glück niemand verletzt worden sei.

Aber bei unserem Kollegen hat dieser Vorfall einen bleibenden und unwiderruflichen Eindruck über die Gepflogenheiten im russischen Straßenverkehr hinterlassen.

Auch ich dachte mir meinen Teil und war ganz froh darüber, daß es in der Umlaufbahn weder Verkehrskontrollen noch Schleudertests geben würde.

Ritter des Zehennagelordens

Meine Zehen hätten zur Achillesferse des Unternehmens AUSTROMIR werden können. Bereits beim ersten »Med-Osmotr« fielen die Ärzte besorgt über meinen Nagelpilz an den beiden großen Zehen her. Man fragte bei Dr. Huber nach – und entschied sich für die Operation.

Ich war nicht besonders überrascht. Es ist einleuchtend, daß man in einer Raumstation nicht irgendwelche schädlichen Organismen haben will. Ich war sehr überascht, daß die Ärzte im Sternenstädtchen die Operation nicht gleich selbst durchführen konnten.

Und so fuhr ich am 17. Jänner ins Burdenka-Militärhospital nach Moskau. Das ehrenwerte Haus war unter Zar Peter I. errichtet worden. Um ehrlich zu sein: So schaute es auch aus. Es dauerte drei Stunden, ehe ich mit Hilfe eines Arztes aus dem Sternenstädtchen endlich aufgenommen wurde.

Man drückte mir einen Schlafanzug in die Hand. Der Einheitsdreß für dieses Spital. Danach führte mich eine Ärztin, mit der ich mich nicht verständigen konnte – sie wollte auch gar nicht – in ein finsteres Kellergewölbe, das sich »Spezialabteilung für Hautkrankheiten« nannte. Mit mir im Zimmer lagen zwei pensionierte Generäle. Mit ihnen unterhielt ich mich auf Spanisch ... Überhaupt kam mir das Ganze äußerst Spanisch vor.

Am Morgen des nächsten Tages wurde ich in ein Behandlungszimmer geführt. Zwei professionelle »Schwammerlsucher« betrachteten meinen Pilz, als handle es sich mindestens um Krebs. Ich bekam eine Spritze – vermutlich gegen Schmcrzcn. Wirkung: null.

Jedem, der mich untersuchte, versuchte ich klarzumachen, daß ich keine Vollnarkose wollte. Nicht etwa aus falsch verstandenem Heldenmut. Aber Clemens, der ja selbst Arzt ist, hatte mir mitgeteilt, daß das Ziehen eines

Zehennagels in Österreich eine Sache von zwei Minuten sei. Also: nur keine Vollnarkose!

Nun, es dauerte auch hier in Moskau nur zwei Minuten. Und Vollnarkose bekam ich auch keine. Ich bekam nämlich überhaupt keine Narkose!

Ich wurde mit einem Vereisungsspray behandelt, und dann ging alles sehr schnell. Zu schnell, würde ich meinen. So schnell, daß ich im ersten Moment nicht fassen konnte, daß mir die Ärztin soeben alle zehn Nägel gerissen hatte.

Man brachte mich zurück in mein Zimmer, wo ich ein wenig schlief, um meine Schmerzen zu vergessen. Erst als ich aufwachte, bemerkte ich, daß tatsächlich alle zehn Zehennägel fehlten. Ich mußte mehrmals nachzählen, ehe ich mich zu einer dringlichen Beschwerde entschloß.

Da ich Kosmonaut war, kam der Spitalsdirektor persönlich, um diese Beschwerde entgegenzunehmen. Zum Glück sprach er Englisch. Natürlich verteidigte er die Foltermethoden seiner Ärztin: Es seien alle zehn Nägel von diesem Pilz befallen gewesen, sagte er. Ich mußte ihm wohl glauben. Einpflanzen hätte ich mir meine »rostigen« Nägel ohnehin nicht mehr lassen.

Dann versuchte der Herr Direktor noch, mich ein wenig zu beruhigen. Dieser Eingriff sei ja ohnehin keine schwerwiegende Sache, und ich müßte auch nur drei Wochen zur Nachbehandlung im Spital bleiben.

Drei Wochen! Ich war so baff, daß ich nicht einmal schreien konnte. Es kam mir vor, als wäre ich soeben zum Ritter des Zehennagelordens geschlagen worden. Drei Wochen! Ich drehte mich um und schlief. Das mußte ein Traum sein, und zwar ein schlechter.

War es aber nicht. Und es kam noch schlimmer: Durch eine Grippe-Epidemie stand das Spital unter Quarantäne. Aus diesem Grund durfte ich nicht einmal Besuche empfangen. Dank meiner Wunden konnte ich gerade aufrecht bis zum Speiseraum und zur Toilette gehen.

Ich weiß zwar, daß ein westlich verwöhnter Gaumen schon bei normaler Spitalskost nicht gerade zu jubeln beginnt. Doch das, was ich hier vorgesetzt bekam, war schlicht und einfach ungenießbar.

Ich lag hier zur Nachbehandlung, wohlgemerkt. Doch kein Mensch kam, um sich meine verdammten Zehen anzuschauen. Die Atmosphäre in dieser Kellerabteilung war trostlos und frustrierend. Hier konnte man bestenfalls krank werden, aber sicher nicht gesund.

Ich beschloß daher, meine sofortige Entlassung zu betreiben. Behandelt wurde ich ja ohnehin nicht, doch es war Freitag nachmittag. Kein Arzt war mehr im Spital. Vollkommen hilflos lag ich in meinem Bett und schäumte vor Wut. Doch als selbst alle fiktiven Modelle eines Fluchtversuchs wie Seifenblasen zerplatzten, begann ich zu resignieren.

In der darauffolgenden Woche bekam ich wenigstens einen Anruf aus Wien. Dr. Huber und Christian Nemetz versuchten, mich aufzumuntern. Als ich ihnen die Zustände in diesem Gefängnis schilderte, versuchten sie von Wien aus zu erwirken, daß ich in häusliche Pflege entlassen werde. Ein befriedigendes Ergebnis ihrer Bemühungen scheiterte jedoch an der katastrophalen Telefonverbindung!

Während der Woche beschäftigte ich mich nur noch mit »Fluchtversuchen«. Doch meine Stimmung verfiel zusehends, denn es nahte schon das nächste Wochenende. Das würde bedeuten: noch drei Tage in dieser Gruft. All diese Kranken in ihren Sträflingsanzügen, ihre deprimierten Gesichter, das unfreundliche Personal – ich konnte all das nicht mehr ertragen.

Am Freitag, kurz vor dem Mittagessen, passierte das Wunder, mit dem ich schon gar nicht mehr gerechnet hatte: Wie ein rettender Engel stand plötzlich Sergeij Polikanov im Türstock. Er war jener Arzt, der sich im Sternenstädtchen besonders um uns beide kümmerte. »Ich hol' dich hier raus«, sagte er entschlossen. Und es schien, als könnte ich plötzlich Russisch verstehen. Meine »behandelnde« Ärztin bekam zwar einen Wutanfall, doch Sergeij machte sein Versprechen wahr. Zehn Tage waren auch wirklich mehr als genug. Schließlich beruhigte sich sogar die Ärztin und gab mir noch ein paar Medikamente zur Nachbehandlung mit. Ich war wieder frei.

Sergeij konnten meine Erzählungen nicht im mindesten erschüttern. Mir wurde bewußt, daß es sich um ganz normale Umstände gehandelt hatte. Ich empfand Mitleid und Bedauern für die Menschen, die in diesen medizinischen Verhältnissen leben müssen und kam mir fast ein wenig dumm vor, daß ich von meinen Erfahrungen so erzählt hatte, als hätte es sich um eine besonders himmelschreiende Ungerechtigkeit gehandelt.

Einige Monate später, es war bereits Frühling, mußte ich wieder zur Kontrolle ins Burdenka-Spital. Jetzt konnte ich mich bereits mit Leichtigkeit selbst mit der Ärztin unterhalten, die mich damals »gefoltert« hatte. Sie war überrascht, daß ich so gut Russisch sprach, und schon präsentierte sie sich von ihrer besten Seite: freundlich, zuvorkommend und letztlich auch sehr zufrieden mit meinem Heilungsprozeß. Trotzdem verfiel ich in dieselben Depressionen wie damals, denn auf dem Gang begegneten mir bekannte Gesichter. Patienten, die schon vor Monaten hier gewesen waren. Ihre Augen waren leer, ihre Lippen zu dünnen Strichen zusammengepreßt. Ich fragte mich, wie viele Jahre sie wohl hier verbringen mußten.

Krautsalat statt Krautsalat

Die erste Woche in der neuen Heimat war so gut wie überstanden. Und schon gab es einen Grund zum Feiern. Am
13. Jänner wird nämlich nach alter Tradition das russische
Neujahrsfest begangen. Die ersten Kontakte mit den Leuten,
die hier außer uns noch wohnten, standen bevor. Doch es
wurde keine ungezwungene Party, wie wir das vielleicht erwartet hatten. Das Fest wurde von der »Komsomolsk«, der
kommunistischen Jugendorganisation, organisiert. Doch
der Wille zählt fürs Werk. Wir unterhielten uns jedenfalls
ganz gut. Alkoholische Getränke mußten zwar selber mitge-
bracht werden, und das Fest war schon um 22 Uhr zu Ende,
doch bis dahin wurde getanzt und geplaudert, natürlich
waren auch die beiden Neuen aus Österreich interessant.
Wir lernten einige junge Luftwaffenoffiziere und iher Freun-
dinnen kennen. Auch ein Fußballspieler von Spartak-Mos-
kau wurde uns vorgestellt.

Warum das Fest schon so früh geendet hatte, wurde uns
gleich am nächsten Tag bewußt. Der Drill der Roten Armee
erwartete uns im Ausbildungszentrum. Der große Scharf-
macher trat auf: Boris Valentinowitsch, der Kommandant
der in Ausbildung befindlichen Kosmonauten.

Der finstere Blick des Generals war in erster Linie auf seine Armbanduhr gerichtet. Man mußte bereits vor Beginn
des Unterrichts im Klassenzimmer anwesend sein. Wenn
nicht, gab es Sanktionen. Wir waren zwar auch von Wien
her gewohnt, zu Vorlesungen pünktlich zu erscheinen, doch
gibt es dort die geniale Erfindung der »akademischen Viertelstunde«. Und auch diese wird, wie man weiß, nicht immer
auf die Minute genau eingehalten. Sollte aber Genosse
Valentinowitsch oder einer seiner Kollegen einmal vorzeitig
mit dem Unterricht fertig sein, so mußte auch noch der Rest
der Zeit im Klassenzimmer abgesessen werden.

Wir fühlten uns im wahrsten Sinn des Wortes auf die

Schulbank zurückversetzt. Und wir entwickelten auch den gleichen Einfallsreichtum wie damals: Schifferlversenken und Pfitschigoggerln. War das eigentlich alles noch wahr? Oder spielte uns da irgend jemand einen Streich?

Eine weitere Schikane war die Verpflichtung, dreimal täglich in der Kosmonauten-Kantine zu essen. Denn schon nach kurzer Zeit und nach Befolgung der Ratschläge, die uns unsere englischen und japanischen Kollegen mitgegeben hatten, waren wir Selbstversorger geworden.

Doch das half nichts: dreimal täglich – so lautete die Regel, die schon Juri Gagarin befolgt hatte. Und was für Juri Gagarin ausgereicht hatte, um zum welberühmtesten der weltberühmten Weltraumfahrer zu werden, das mußte auch für uns genügen.

Es genügte aber nicht: Unser österreichischer Arzt machte die Zentrumsverwaltung darauf aufmerksam, daß das fetthaltige und vitaminarme Essen unsere Gesundheit gefährden könnte. Diese Intervention hatte zur Folge, daß unsere Verpflichtung, dreimal täglich von Gagarins Tellerchen mit Gagarins Löffelchen zu essen, dankenswerterweise aufgehoben wurde.

Von besonderer Delikatesse waren in der Kantine die vielfältigen Salatvariationen. Zum Beispiel gab es im Winter Krautsalat, während man im Frühling Krautsalat, im Herbst hingegen Krautsalat servierte. Und im Sommer gesellte sich an manchen Tagen sogar eine Karottenscheibe zu unserem Krautsalat-Ensemble.

Natürlich steckt hinter all dem vielen Kraut keine böse Absicht, sondern lediglich die katastrophale Versorgungslage in weiten Teilen der Sowjetunion. Wie gesagt: Wir waren ja ohnehin Privilegierte.

In die Mensa gingen wir trotzdem immer wieder. Denn auch die Selbstversorgung wurde immer mehr zu einem echten Problem. Man mußte sich alle Ingredienzien einer halbwegs ausgewogenen Mahlzeit von überall her zusammentragen.

Im Sternenstädtchen gibt es nur das Kosmonautengeschäft als halbwegs brauchbare Quelle, doch auch die reichte keineswegs aus. Obst, Gemüse, Fleisch und Milch mußte man aus Moskau holen – das waren tour-retour hundert Kilometer. Doch dort gibt es wenigstens zwei Valuten-

Supermärkte westlichen Standards. Beide sind Joint Venture Unternehmen, eines mit der Schweiz, das andere mit Finnland. Die Preise sind etwa doppelt so hoch wie in Österreich.

Für Rubel gibt es immerhin Obst und Gemüse. Und zwar im sogenannten Zentralmarkt. Die Ware ist allerdings nicht immer erste Wahl, dafür läßt die Preisgestaltung darauf schließen, daß hier in erster Linie westliche Ausländer und andere Privilegierte einkaufen. Ein Kilo Paradeiser kostet zum Beispiel zwanzig Rubel. Das durchschnittliche Monatseinkommen eines Sowjetbürgers beträgt 150 Rubel – siebeneinhalb Kilo Paradeiser im Monat! Diese Milchmädchenrechnung führte mir drastisch vor Augen, wie wenig die Arbeit der Mensche im »Arbeiterparadies« der Sowjetunion eigentlich zählte.

Ein Phänomen, das sicher nicht nur auf die schlechte Ernährung zurückzuführen sein kann, ist die andauernde, lähmende Müdigkeit, von der hier alle befallen zu sein scheinen. Auch uns hat sie zeitweise voll in ihren Bann gezogen. Zufriedenstellende Erklärung dafür habe ich bisher noch keine gehört: »Radioaktive Strahlung«, sagen die einen. »Schlechte Luft und vergiftetes Wasser« machen die anderen dafür verantwortlich.

Im Radio hört man hie und da Warnungen vor starken Magnetwinden. Viele Menschen führen ihr miserables Allgemeinbefinden auf diese seltsamen Strömungen zurück. Diese volkstümliche Theorie ist jedoch eher als Aberglaube zu klassifizieren.

Franz und ich sind einig, daß die immense Umweltverschmutzung die Hauptrolle in diesem »Dornröschenschlaf« der Menschen spielt. Die Mißstände fangen aber wiederum bei jedem einzelnen an. Bei einem Waldspaziergang steigt man alle 200 Meter auf Glassplitter, Dosen oder sonstigen Unrat.

Doch auch die Hiobsbotschaften über die starke Verschmutzung des Schwarzen Meeres und des Baikalsees werden – ein Glück im Unglück – nicht mehr geheimgehalten.

Auch die Verschmutzung des Weltraums ist ein Problem. Früher wurde der Dreck aus den Raumstationen einfach ausgestoßen. Wie Satelliten kreisen die tiefgefrorenen Mist-

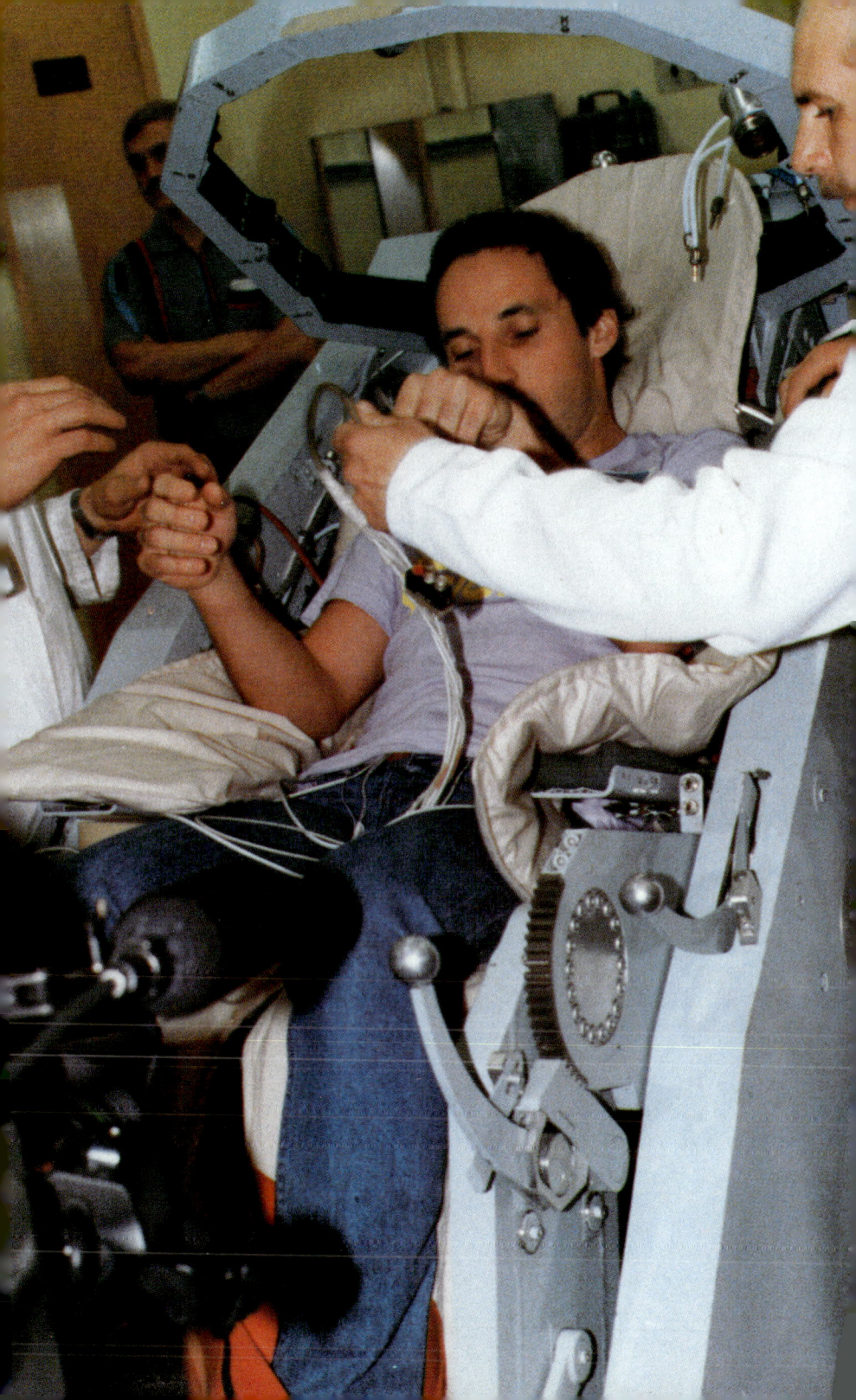

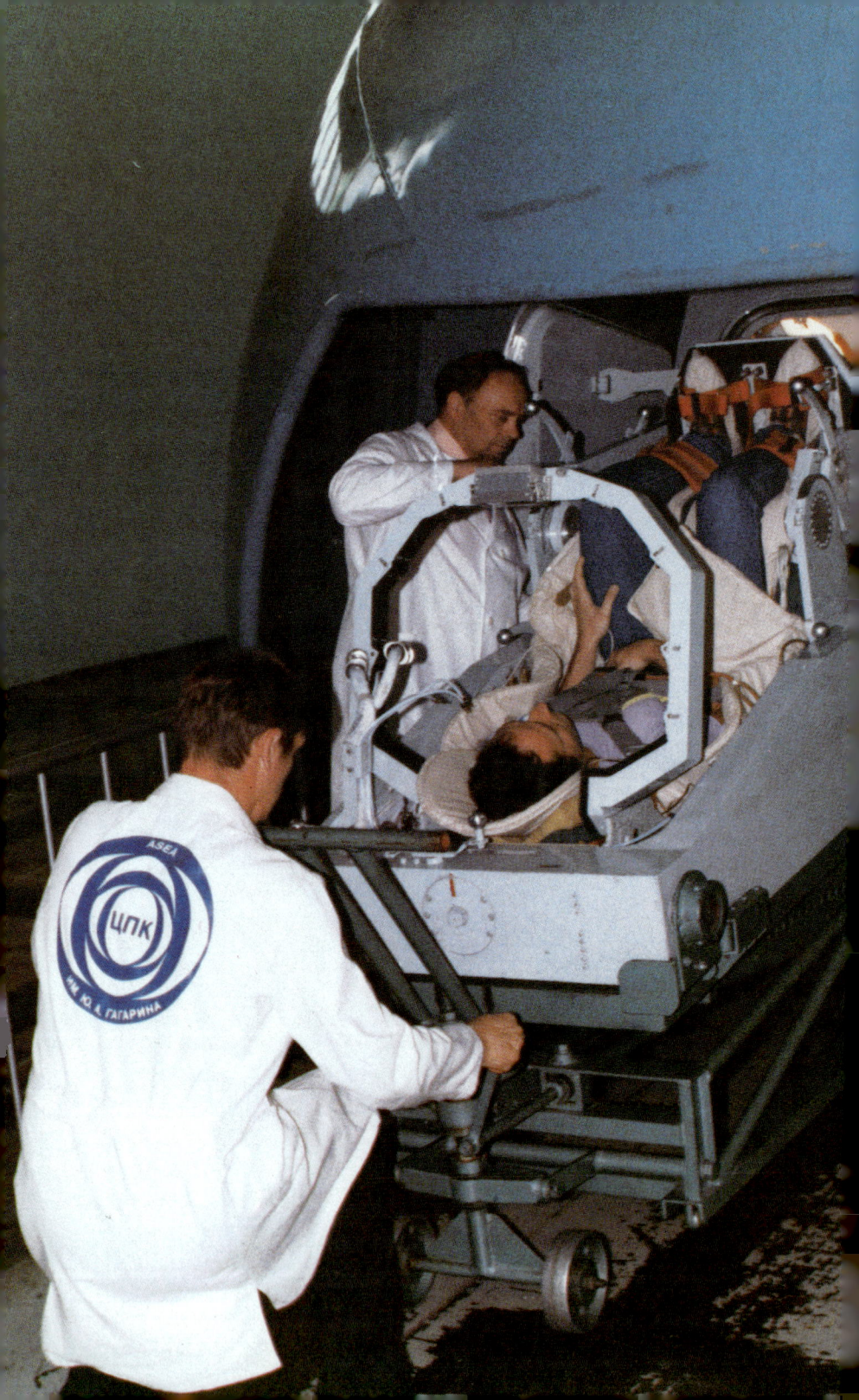

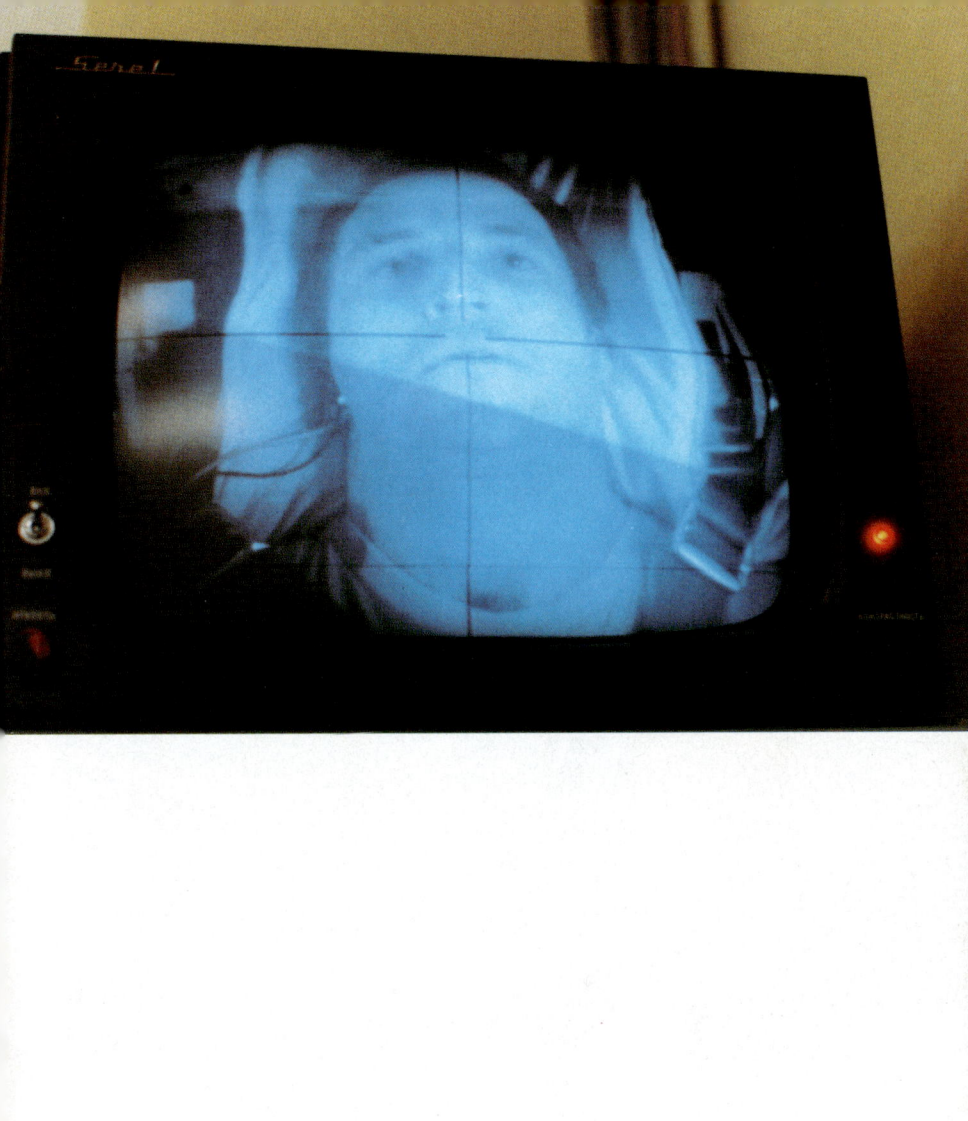

säcke endlos um die Erde. Jetzt hat man die Gefahr erkannt und füllt das Transportraumschiff »Progress« mit Abfall an. Daß die »Progress« ihren Müll über Amerika abwirft, ist hingegen ein Gerücht, das in Moskau eine Zeitlang als Witz die Runde machte. In Wahrheit wird der planetare Müllwagen zur Erde zurückgesteuert und verbrennt beim Eintritt in die Atmosphäre restlos.

Zermürbend – und vielleicht für einen Teil unserer Müdigkeit verantwortlich – waren von Beginn an die endlos langen Winternächte. Um sieben Uhr, wenn wir die ersten Liegestütz in den Schnee pumpten, war es noch stockdunkel. Am Nachmittag um vier war es schon wieder finster. Da wir oft erst um sechs oder sieben mit unserem Training fertig waren, bekamen wir die Sonne so gut wie nie zu Gesicht.

Und im Sommer ist das genaue Gegenteil der Fall: Ende Juni dauern die Nächte nur zwei bis drei Stunden. Die »white nights« – die weißen Nächte – sind ja besonders in Leningrad berühmt.

Doch auch gegen das Müll- und Verwahrlosungsproblem wird etwas unternommen. Am jeweiligen Samstag, kurz vor oder kurz nach dem Geburtstag von Lenin, haben die in doppelter Hinsicht ordentlichen Kommunisten den sogenannten »Subotnik« engeführt. An diesem Tag ist es die Pflicht jedes Genossen, mit Rechen, Schaufel, Besen oder Pinsel in der Gegend herumzuspazieren, um alles, was ihnen als besonders verwahrlost ins Auge sticht, zu putzen oder zu bemalen. Sogar hohe Generäle machen bei dieser Aktion mit. Wir empfanden den kollektiven Reinigungstag in jeder Hinsicht als besondere Erheiterung.

FRANZ VIEHBÖCK

Das Terror-Regime des Alkohols

Man muß die Feste feiern ... wie die Menschen fallen. Nach diesem Motto werden in der Sowjetunion Saufgelage abgehalten. Jeder nur erdenkliche Anlaß wird zum kollektiven Absturz erklärt.

Anläßlich des Besuches von fünf amerikanischen Astronauten fand im Februar so ein Fest statt. Wir waren sehr stolz darauf, mit dieser international erlesenen Gruppe von Raumfahrern an einem Tisch sitzen zu dürfen. Doch auch dieser Galaabend glitt schließlich bei einigen in ein Besäufnis bis zur Besinnungslosigkeit ab. Einer der Amerikaner, ein bereits Weltraum-erfahrener Astronaut, fragte Clemens, wie lange er denn noch an dieser Ausbildung teilnehmen müsse, nachdem er alles besichtigt hatte und auch in die Trinkgewohnheiten der Leute eingeweiht worden war. »Fast zwei Jahre«, antwortete Clemens. Das strahlende American-dream-Lächeln des Astronauten war mit einem Schlag wie weggeblasen. Der Ausdruck tiefsten Bedauerns lag in seinen Augen. Mit festem Griff und einem inbrünstigen Stoßzeufzer faßte er Clemens an die Schulter und sagte: »Be strong!« Dann wandte er sich ab und flüsterte im Weggehen noch einmal. »Be strong.«

Ein paar Wochen später stand schon das nächste »Leistungstrinken« auf dem Programm. Man feierte das 30jährige Jubiläum des Sternenstädtchens. Einer der Anwesenden spielte dabei den Zeremonienmeister. Kaum hatten sich alle niedergesetzt, mußte schon der erste wieder aufstehen und irgendeinen Trinkspruch von sich geben. Dann trank man, setzte sich nieder, um sich gleich wieder zu erheben. So lange, bis jeder an der Reihe gewesen war. Man kam kaum zum Essen, weil man ununterbrochen aufstehen und saufen mußte. Doch das war kein großes Übel, denn die Speisen unterschieden sich ohnehin nur unwesentlich von der normalen sowjetischen Durchschnittskost.

Auch an diesem Abend waren wir in erlesener Gesellschaft. Die berühmtesten Raumfahrer der Sowjetunion waren anwesend: Titov, der zweite Russe im Weltraum nach Gagarin. Nikolaev, der dritte. Popov, der vierte. Und Tereschkova, die erste Frau im All. Sie alle waren von oben bis unten mit Orden und Auszeichnungen bepflastert. Natürlich empfanden wir am Beginn des Abends einen gewissen Respekt für diese hochkarätigen Persönlichkeiten. Doch auch ihr dekorativer Schutzpanzer konnte nicht verhindern, daß der Alkohol schließlich Wirkung zeigte. Von da an waren sie eher hochprozentige Persönlichkeiten, und wir verloren unsere ehrfürchtige Bewunderung. Einer nach dem anderen kippte aus dem Rahmen. Es gab weder Wein noch Bier – nur Wodka. Literweise Wodka. Die Trinkfrequenz unterscheidet sich kaum von den Gepflogenheiten in Österreich. Abgesehen davon, daß man bei uns in der gleichen Menge G'spritzte trinkt wie hier Wodka.

Der geringste Anlaß wird in diesem Land dazu benützt, sich hemmungslos zu besaufen. Für Sowjetbürger ist es fast unvorstellbar, zum Essen nur zwei Bier oder zwei Viertel Wein zu trinken. Im Zuge der Anti-Alkohol-Kampagne durch Gorbatschow wurden viele Weingärten zerstört. Da auch kein Bier erhältlich und Wodka meist knapp ist, spülen die Menschen ihren Kummer über das trostlose Alltagsleben mit 96prozentigem Industrialkohol, mit Rasierwasser oder Spiritus hinunter. Auch Parfums zählen zu den Delikatessen. Die Menschen sind sich zwar darüber bewußt, daß dies der falsche Weg ist, das Saufen einzuschränken, doch sie haben in vieler Hinsicht längst resigniert. Keiner kommt auf die Idee, gegen irgend etwas zu protestieren, obwohl man heutzutage viel eher als früher seine Meinung sagen darf.

Der 8. März, der Tag nach dem Jubiläumsfest im Sternenstädtchen, ist einer der höchsten Feiertage der Sowjetunion: der Tag der Frau. Im Prinzip wird er so begangen wie alle anderen Feiertage auch: Die Männer hängen irgendwo herum und besaufen sich sinnlos, während die Frauen zu Hause kochen, waschen oder aufräumen.

Mein Urteil über den Alkoholismus in diesem Land mag pauschal klingen. Und tatsächlich habe ich den Eindruck, daß es das Durchschnittsverhalten der Bürger repräsentiert. Durch welche Umstände und Zustände es zu diesem abstoßenden Allgemeinverhalten gekommen ist, sei jedoch dahingestellt. Man muß wahrscheinlich noch viel länger hier leben, um das zu begreifen.

Doch natürlich gibt es Ausnahmen. Menschen, die gegen das Terror-Regime des Alkohols erfolgreich ankämpfen. Und einen von jenen möchte ich besonders hervorheben: Vladimir Dschanibekov. Er ist ein sehr bescheidener und liebenswürdiger Mann. Abgesehen davon zählt er zu den hervorragendsten Kosmonauten. Er war bereits fünfmal im All. Das ist sowjetischer Rekord. Durch eine besondere kosmische Heldentat wurde er weit über die Grenzen der Sowjetunion hinaus berühmt: Durch einen Fehler in der Bodenstation war die Stromversorgung der zu diesem Zeitpunkt unbemannten Raumstation Saljut 7 ausgeschaltet worden. Dschanibekov bekam den heiklen Auftrag, die Station wieder zum Leben zu erwecken.

Er mußte mit seiner Raumkapsel manuell andocken. Im Regelfall wird dieses Manöver vom Boden aus per Computer gesteuert. Als sich die Schleuse der Raumstation öffnete, mußte er feststellen, daß alles eingefroren war, da natürlich auch die Klimaanlage versagt hatte. In mühevoller Kleinarbeit reparierte er mit seinem Bordingenieur ein System nach dem anderen. Schon nach wenigen Tagen war die Saljut 7 wieder vollkommen funktionstüchtig.

Vladimir ist kein oberflächlicher Mensch. In seiner Freizeit ist er leidenschaftlicher Maler. Auch das Wort Freundschaft hat für ihn eine besondere Bedeutung. »Eine wirklich gute Freundschaft muß nicht mit Wodka geschmiert werden«, sagte er einmal zu mir. »Sie muß auch trocken funktionieren.« Ich fühle mich noch heute geehrt, daß er mich schon bald zu seinen echten Freunden zählte.

Zu seinem Geburtstagsfest lud er uns in seine Datscha ein. Es waren außer uns auffallend wenige Kosmonauten da. Ich fragte ihn, warum die Kollegen nicht gekommen seien. »Ich lade nur meine allerbesten Freunde ein«, sagte er. Von Saufgelagen, so gab er mir unmißverständlich zu verstehen, halte er nicht viel. Auch zu den sonstigen feierlichen Anlässen erschien Vladimir nur, wenn es sich aus irgendeinem offiziellen Grund nicht vermeiden ließ. Meistens jedoch gar nicht. Und wenn doch, dann hielt er sich dezent im Hintergrund – ohne einen Trinkspruch von sich zu geben. Bei meiner Hochzeit im Sternenstädtchen war Vladimir als eine Art Standesbeamter anwesend. Das bedeutete Vesna und mir sehr viel.

Ausgesprochen gewissenhaft sind auch die Ärzte im Sternenstädtchen. Allerdings geht ihre Vorsicht meiner Meinung nach mitunter etwas zu weit. Kaum ist man aus irgendeinem Grund für mehr als eine Woche vom Sternenstädtchen fort, muß man sich sofort nach der Rückkehr einem »Med-Osmotr« unterziehen.

Ich erkrankte einmal an Grippe, worauf ich noch zwei Wochen nach meiner Genesung absolut keinen Sport betreiben durfte. Die geringste Kleinigkeit, ein Schnupfen, Halsschmerzen oder Bauchschmerzen – oder etwas, was man selbst nicht einmal bemerkt – löst panische Aufregung im Ärzteteam aus. Ich kann mir vorstellen, daß diese peinlich genaue Körper-Überwachung nicht nur von medizinischen Pflichten, sondern auch von einer gewissen Verantwortung gegenüber höherrangigen Beamten gesteuert wird.

Um den obligaten Saufgelagen zu entgehen und um den langweiligen Abenden trotzdem das eine oder andere Highlight abzugewinnen, organisierten wir gemeinsam mit unseren ausländischen Kollegen schon bald Parties, die unter verschiedenen Mottos liefen. Zum Glück erkannten wir, daß wir auch ohne exzessiven Alkoholgenuß noch nicht verlernt hatten, lustig und ausgelassen zu sein. Natürlich luden wir zu diesen Anlässen auch unsere sowjetischen Freunde ein. Zu Beginn wußten sie freilich mit Toga-, Pyjama- oder Beach-Parties nicht viel anzufangen. Doch manche gewöhnten sich daran und hatten bald wie wir ihren Spaß, ohne dabei gezielt abzustürzen.

Zurück auf die Schulbank

Franz und ich, sowie alle anderen Kosmonauten, denen erstmals ein Flug bevorstand, mußten die Schulbank drük-ken. Die Unterrichtsgegenstände waren uns jedoch neu und überaus interessant, zumal sie größtenteils sehr viel mit unserer Aufgabe zu tun hatten.

Manchmal wunderte ich mich über Franz, der jedes einzelne Wort der Vorlesungen fein säuberlich notierte. Und wenn er eines nicht verstand, dann ließ er es sich so lange erklären, bis er es verstand. Ich war in dieser Beziehung etwas oberflächlicher, schrieb nur Stichworte mit und versuchte in erster Linie den Sinn einer Problemstellung zu begreifen.

Was den Gegenstand »kosmische Medizin« betraf, hatte ich als Arzt natürlich gewisse Startvorteile. In den technischen Bereichen war mir wiederum Franz ein wenig voraus.

Zunächst wurde uns der Aufbau der Atmosphäre sowie die Luftzusammensetzung in verschiedenen Höhenlagen erklärt. Wichtig für den Kosmonauten ist in diesem Zusammenhang die sogenannte Dekompressionskrankheit. Hierbei kommt es zu Schmerzen im Bereich der Ohren, der Nasennebenhöhlen und der Zähne.

Die schlimmste Ausprägung dieser Symptome ist das Barotrauma bei akutem und rapidem Druckabfall. Das Blut beginnt zu kochen und die Lungen zerreißen.

Weitere – medizinisch betrachtet – kritische Phasen eines jeden Raumfluges sind der Start und die Landung. Während dieser beiden Vorgänge kommt es durch die hohe g-Belastung zu Blutdruckschwankungen, Atembeschwerden und zu einer erheblichen Beeinträchtigung der Sehkraft, im schlimmsten Fall zur Bewußtlosigkeit. Durch das ständige Training in der Zentrifuge und durch optimale Lagerung des Körpers im Transportraumschiff kann all diesen Zuständen wirkungsvoll vorgebeugt werden,

Der dritte ungewohnte Einfluß, mit dem man zu kämpfen

hat, ist die Schwerelosigkeit. Durch sie hat man permanent ein Gefühl, als würde einem der Kopf zerplatzen. Wenn die Schwerkraft auf den Körper wirkt, so wird das Blut anders verteilt. Wirkt sie jedoch nicht, dann fühlt man sich im wahrsten Sinne des Wortes kopflastig. Das Blut steigt einem in den Kopf, die Beine hängen nutzlos in der Gegend herum.

Bei längeren Aufenthalten im Weltraum kommt es durch die Schwerelosigkeit zu einem relativ flotten Abbau der Muskelmasse und zur Entmineralisierung des Knochenskelettes.

Abgesehen davon ist natürlich auch das Gleichgewichtssystem ständig beeinflußt. Das wiederum kann zu Schwindelgefühlen und zu Übelkeit bis zum Erbrechen führen. Gesellen sich dann noch Illusionen, Reizzustände, herabgesetzte Arbeitsfähigkeit und allgemeine Müdigkeit hinzu, dann hat man sie: die gefürchtete »Weltraumkrankheit«.

Man kann die Schwerelosigkeit auf der Erde nicht simulieren. Darum versucht man durch gezieltes Training in vergleichbaren Situationen der unangenehmen Krankheit vorzubeugen. Sport zu betreiben ist hilfreich, weil man dem Körper dadurch einfach größere Kraftreserven gibt. Die Übungen auf dem Drehstuhl und auf der Hämodynamikliege sind ebenfalls gut geeignet, um sich für den Flug zu rüsten. Doch all das wäre sinnlos, wenn man auf die prophylaktischen Maßnahmen während des Fluges verzichten würde. Die Unterdruckhose lenkt das Blut im Körper sozusagen in die gewohnten Bahnen. Mit Hilfe von elektrischer Muskelreizung sowie dem Training auf dem Fahrrad und auf dem Laufband, gegen das man mit Gurten gedrückt wird, kann man die Muskelatrophie verhindern. Auch die Nahrung soll ausgewogen sein. Doch ganz ohne Medikamente kommt man in den meisten Fällen auch nicht aus.

An Bord der Raumstation MIR und des Transportraumschiffes befinden sich auch medizinische Geräte zur Überwachung von Blutdruck, Puls, EKG und Körpermasse. Für medizinische Notfälle steht eine sehr große und umfangreiche Bordapotheke zur Verfügung. Sogar ein Zahnbohrer ist an Bord. Spezielle Strahlenmeßgeräte (Dosimeter) überwachen das Auftreten von Strahlung, die für den Körper sehr gefährlich werden kann.

Zur kosmischen Medizin gehören auch im weitesten Sinne

die »irdische« Psychologie und Gruppendynamik. Man schärfte uns verschiedene Verhaltensmaßregeln ein, die das Zusammenleben mehrerer Menschen auf engstem Raum erleichtern sollten. Unstimmigkeiten zwischen einzelnen Mannschaftsmitgliedern könnten die gesamte Mission gefährden.

Auch das Verhalten nach der Landung gehörte zum Unterricht. Da die Sowjetunion aufgrund ihrer geographischen Größe sowohl glühend heiße Wüsten als auch ewiges Eis zu bieten hat, muß man auf alles gefaßt sein. Man kann sich nicht auf eine mögliche Landesituation festlegen. Und welche Probleme es nach der Landung noch geben kann, das erfuhren wir später. Beim Überlebenstraining.

Schon in der Schule hatte es Fächer gegeben, die ich mochte, und andere, die ich weniger mochte. Manche waren weder das eine noch das andere, weil ich sie schlicht und einfach für sinnlos hielt. Und ebenso lächerlich empfand ich den Gegenstand »Grundlagen für die Arbeit mit Computern«. Im Rahmen dieser Stunden wurden wir über den generellen Aufbau des Bord-Computers und über die Bestandteile eines PC-Rechners informiert. Die wesentlichen physikalischen Fragen wurden in Ballistik besprochen. Wir lernten die Kepplerschen Gesetze, die eigentlich die Grundlage für jeden Raumflug darstellen. Um einen Flugkörper in eine Umlaufbahn zu befördern, muß dieser eine Geschwindigkeit von 7,6 Kilometer pro Sekunde erreichen. Klingt wenig, sind umgerechnet aber rund 28.000 Stundenkilometer! Will man gar zum Mond, so muß man 11,2 km/s erreichen.

Wir lernten die Neigung der Umlaufbahn zur Äquatorfläche zum Startzeitpunkt zu berechnen oder die Projizierung des Orbits auf die Erdoberfläche. Zu welcher Zeit überfliege ich welchen Punkt auf der Erde? Wann ist es in der Raumstation »Tag« und wann durchfliege ich den Erdschatten? Wann befinde ich mich in Funkreichweite zur Bodenstation? Welche Kräfte wirken auf die Trägerrakete und auf die Landekapsel und wodurch sind sie steuerbar? Wie kann ich die Höhe eines Orbits ändern, und wie funktioniert der Andockvorgang? Wann muß der Bremsimpuls für den Wiedereintritt in die Erdatmosphäre gegeben werden, und wie berechne ich den Landepunkt?

All diese Fragen waren Gegenstand des Ballistik-Unter-

»Wer ist das?« – »Das sind Kosmonauten.« – »Was ist das?« – »Das ist eine Rakete.« Erste Russischstunde in Wien.

Abschlußexamen zum Thema »Lebenserhaltungssystem der Raumstation«.

richts und vermittelten uns prinzipielles Verständnis für die Theorie des bemannten Raumfluges.

Die Grundlagen für die Orientierung eines Flugkörpers im erdnahen Weltraum wurden uns im Fach »Kosmische Navigation« mit auf den Weg gegeben. Auf ein Raumschiff können im Prinzip vier verschiedene Kräfte wirken: die Erdgravitation, die Erdatmosphäre, kosmische Strahlung und Meteoriten. Die letztgenannte Gefahr aus dem All wünscht sich keiner für seinen Raumflug.

Die Fläche der Umkreisungsbahn steht im Weltraum still. Währenddessen dreht sich die Erde jedoch um ihre eigene Achse. Das hat zur Folge, daß bei jeder Umdrehung ein anderes Gebiet der Erdoberfläche überflogen wird.

Bei einer Neigung des Orbits von 51 Grad, wie das bei der Raumstation MIR der Fall ist, wird jeder Punkt der Erde zwischen 51 Grad nördlicher und 51 Grad südlicher Breite irgendwann einmal überflogen. Also auch meine Heimatstadt Wien, die auf 48 Grad nördlicher Breite liegt. Durch die Flughöhe eines Raumschiffs wird seine Erdumkreisungszeit festgestellt. Die Raumstation MIR fliegt in 380 Kilometern Höhe und braucht etwa 90 Minuten, um die Erde vollständig zu umrunden. Sie schafft also 16 Umkreisungen pro Tag. Ein geostationärer Satellit in einer Höhe von 36.000 Kilometern braucht für eine Umdrehung genau 24 Stunden und steht daher immer über dem selben Punkt der Erdoberfläche.

Eine ganz wesentliche Navigationshilfe ist der Sternenhimmel. Man brachte uns bei, Koordinatensysteme zu konstruieren, die es ermöglichen, auf der Erde – aber auch während eines Raumfluges – problemlos zu navigieren.

Eine willkommene Abwechslung war der Fotografie-Unterricht. Mit Hilfe von ins Russische übersetzten, japanischen Gebrauchsanweisungen mußten wir mit den an Bord befindlichen Kameras klarkommen. Ziel der Übung war es, auch unter schwierigen Belichtungsbedingungen im Inneren der Raumstation – unter gleichzeitiger Verwendung von mehreren Blitzlichtern – halbwegs vernünftige Bilder machen zu können. Auf unserer Suche nach guten Motiven und gelungenen Schnappschüssen gingen wir tagelang im Sternenstädtchen spazieren. Schließlich mußten wir am Übungsende der Prüfungskommission Resultate vorlegen.

Von essentieller Bedeutung für das Raumprojekt ist die Kenntnis der Steuerungssysteme des Transportraumschiffes und der Raumstation. Wir mußten lernen, die Manöver zu kontrollieren, die zum Wechsel des Orbits und schließlich zur Annäherung der Kapsel an die Station notwendig sind. Auch der Andockvorgang wurde in diesem Zusammenhang durchgenommen.

Das Leben im Weltraum

Die Ausrichtung der Raumstation erfolgt auf drei verschiedene Arten: Durch Motoren, die mit Brennstoff betrieben werden, durch Kreiselgeräte, die unter Ausnützung eines kinetischen Moments elektrisch angetrieben werden, und durch Passivität. Das heißt: durch Ausnützung der Erdanziehungskraft.

Die Sonne dient nicht nur zur Orientierung, sondern auch zum Aufladen der Sonnenbatterien, die für die Raumstation lebenswichtig sind.

Eine weitere wichtige Orientierungshilfe ist die sogenannte »Infrarotvertikale«. Dieses Gerät tastet die Erde nach ihrer Wärmestrahlung ab und vergleicht sie mit dem die Erde umgebenden Weltraum, der kalt ist. Auf diese Art wird eine senkrechte Linie zum Erdmittelpunkt konstruiert, die die jeweilige Standortbestimmung wesentlich erleichtert.

Magnetometer tasten die Magnetfelder der Erde ab, die einen ganz bestimmten Verlauf zeigen. Fotozellen reagieren auf das Auftreffen von Sonnenstrahlen, wodurch wiederum der Stand der Sonne genau bestimmt werden kann. Die Feinabstimmung der Orientierung wird mit Hilfe von Sternennavigationseinrichtungen durchgeführt, die bestimmte Sternkombinationen anpeilen und dann mit jenen, die im Computer gespeichert sind, vergleichen.

Eine wichtige Station im Rahmen unserer technischen Ausbildung war auch die genaue Kenntnis über den Aufbau des Transportraumschiffes. Das Raumschiff Sojus-TM ist ein reines Transportmittel. Es ist an der Spitze der Sojus-Rakete fixiert und dient der Beförderung von drei Kosmonauten zur Raumstation MIR und wieder zurück zur Erde.

Der Innenraum der Kapsel hat ein Volumen von ungefähr zehn Kubikmetern. Die Treibstoff-, Sauerstoff- und Nahrungsmittelvorräte an Bord reichen theoretisch für fast fünf Tage. Doch in der Praxis braucht das Raumschiff nur zwei

Tage bis zum Andock-Manöver. Für den Landevorgang sind ohnehin nur einige Stunden vorgesehen.

Im obersten Teil des Transportschiffes befinden sich sämtliche Geräte zur Versorgung der Mannschaft mit Wasser und Nahrungsmitteln, die Toilette, ein Apparat zur Lufterneuerung und auch jene Luke, durch die die Mannschaft nach dem Andocken in die Station gelangt.

An der Außenseite sind Fernsehkameras und Antennen befestigt, die für die allgemeine Orientierung und speziell für den Andockvorgang von entscheidender Bedeutung sind.

Im Mittelteil, dem sogenannten »Landeapparat«, sitzt die Mannschaft während des Starts und der Landung. Dort befinden sich sämtliche Steuerpulte, Bildschirm und Visiere, die zur Kontrolle des Raumschiffes dienen. Die glockenartige Form dieses Teils verfügt über optimale aerodynamische Eigenschaften, die den Wiedereintritt in die Erdatmosphäre überhaupt erst ermöglichen.

Das Skelett dieses Teils ist aus Titan gefertigt, während der Rest aus Aluminium besteht. Die Kapsel ist mit mehreren Schichten verschiedener Materialen überzogen, die beim Wiedereintritt abbrennen. Der Boden der Kapsel ist mit einem speziellen Hitzeschild überzogen, der abgeworfen wird, sobald die Kapsel am Fallschirm hängt. Unmittelbar darüber befinden sich Bremsmotoren, die achtzig Zentimeter über dem Boden gezündet werden, um eine weiche Landung zu garantieren.

Im untersten Teil der Kapsel befinden sich die Motoren, Treibstoff- und Sauerstoffvorräte, der Bordcomputer, ein Sonnenmeßgerät und die Infrarotvertikale an der Außenseite.

Die drei Teile des Transportschiffes werden durch Haken und sogenannte Pyroschlösser zusammengehalten. Diese werden im Bedarfsfall durch eine kleine Explosion geöffnet. Auf diese Weise wird das Sojus-Schiff vor dem Wiedereintritt in die Atmosphäre dreigeteilt. Nur die Landekapsel mit den Kosmonauten an Bord wird von Fallschirmen sicher zur Erde zurückgebracht, der Rest verbrennt.

Natürlich mußten wir auch die Funksysteme des Sojus-Schiffes genau kennenlernen. Wir lernten, wie man Funkverbindungen auf UKW und im Kurzwellenbereich zwischen dem Transportraumschiff und den Bodenüberwachungsstationen herstellt.

Der Funksichtbereich wird durch Überwachungsschiffe wesentlich erweitert, die auf bestimmten Routen auf den Ozeanen der Erde umherfahren, aber auch durch die Methode, eine Funkverbindung zur MIR-Station herzustellen, über die via diverse Relaissatelliten wieder zurück zur Erde gesendet wird. Darüberhinaus werden nach der Landung verschiedene Peilsysteme eingeschaltet, die ein rasches Auffinden der Kapsel durch die Bergemannschaften ermöglichen. Im Notfall kann man auch mit Hilfe von Morsezeichen eine bestimmte Position bekanntgeben.

Die Aufrechterhaltung des permanenten Funkverkehrs zählt zu jenen Aufgaben, die der österreichische Kosmonaut während des Fluges erfüllen muß. Aus diesem Grund mußten wir auf diesem Gebiet möglichst perfekt sein und daher sehr viele Übungsstunden an den Pulten dieses Systems zubringen.

Eine wichtige Rolle spielen auch die Fernsehsysteme des Sojus-Schiffes. Während des gesamten Fluges werden Fernsehbilder aus dem Transportraumschiff in die Kontrollstation übermittelt. Der Andock-Vorgang wird von einer außen angebrachten Bordkamera überwacht. Dieser Vorgang wird auch innerhalb der Kapsel auf einem Bildschirm verfolgt. Normalerweise erscheinen auf diesem Bildschirm statistische Parameter wie Luftdruck, Luftzusammensetzung oder Druck in den Treibstofftanks. Sämtliche Informationen des Bordcomputers sieht man ebenfalls auf Display. Daten und Fernsehbilder können übereinader gelegt werden, wodurch man beide Informationsebenen zur selben Zeit überwachen kann.

Am schockierendsten war jener Unterrichtsgegenstand, der sich mit dem Inneren der Kapsel beschäftigte. Der erste Anblick war höchst verwirrend. Schlimmer noch als in einem Flugzeug-Cockpit. Doch nach und nach stellte sich heraus, daß der Umgang mit den Steuerpulten wirklich keine Hexerei ist.

Das Prinzip der Betätigung der einzelnen Schalter ist denkbar einfach. Man wählt eine bestimmte Funktion aus. Für diese hat man danach einen Ein- und einen Ausschalter zur Verfügung.

Besondere Aufmerksamkeit muß man den verschiedenen Alarmsignalen widmen. Es gibt ein eigenes Pult mit roten

Alarmlämpchen, die, wenn sie sich einschalten, meist von einem penetranten Pfeifton unterstützt werden. Im Simulator werden diese Situationen sehr oft durchgespielt. Doch jeder Kosmonaut hofft natürlich inständig, daß er während des wirklichen Fluges von solchen gefährlichen Situationen tunlichst verschont bleibt.

Allein die Liste der Notfälle, die auftreten können, klingt beeindruckend und beängstigend zugleich: Feuer, Batterieausfall, Computerabsturz, gefährliche Luftzusammensetzung, Druckabfall oder Enthermetisierung des Raumschiffes.

Es kann schon vorkommen – und es ist auch mir einige Male passiert – daß man während eines Notfalls beim Simulator-Training so sehr mit seiner Arbeit beschäftigt ist, daß man tatsächlich das Gefühl hat, bereits im echten Raumschiff zu sitzen.

Wenn man die Erdatmosphäre verläßt, beginnt jener Teil des Weltraums, der als absolut lebensfeindlich bezeichnet werden muß. Alle Lebenserhaltungssysteme, die auf der Erde zum Teil von der Natur gesteuert werden, müssen hier künstlich aufrechterhalten werden. Dazu ist die Herstellung eines Mikroklimas im Inneren des Raumschiffes unbedingt notwendig.

Luftdruck, Temperatur, Luftfeuchtigkeit und Luftzusammensetzung müssen in lebenserhaltender Relation aufeinander abgestimmt sein. Durch das Atmen der drei Kosmonauten muß der Luft im Prinzip dauernd Sauerstoff hinzugefügt und Kohlendioxid entzogen werden.

Gasanalysatoren messen laufend alle Luftparameter und schlagen bei Über- oder Unterschreitung gewisser Grenzwerte sofort Alarm. Bei zu niedrigen Sauerstoffwerten öffnet sich automatisch eine Klappe, und neuer Sauerstoff strömt in den Innenraum des Schiffes. Das Kohlendioxid wird durch ein spezielles Lufterneuerungsaggregat ausgefiltert. Diese Maschine muß ununterbrochen eingeschaltet sein. Für Notfälle gibt es den sogenannten Regenerator, eine Patrone, die nach Versiegen sämtlicher Sauerstoffvorräte für noch etwa 17 Stunden das Atmen im Inneren der Landekapsel ermöglicht.

Ein ausgeklügeltes Klappensystem gewährleistet den Druckausgleich zwischen den einzelnen Abteilen des Raumschiffes und der MIR-Station.

Es kann auch vorkommen, daß die gesamte Luft mit voller Absicht in den Weltraum abgelassen wird. Dies ist zum Beispiel dann der Fall, wenn an Bord ein Feuer ausgebrochen ist. Den Flammen muß in diesem Fall jeglicher Sauerstoff sofort entzogen werden. Also muß sich die Luft im wahrsten Sinn des Wortes »verziehen«.

Wenn dieser Fall eintritt, oder wenn das Raumschiff durch irgendeinen anderen Umstand enthermetisiert wird, so muß die Arbeitsfähigkeit der Mannschaft trotzdem aufrechterhalten werden. Von diesem Moment an lautet das Ziel der Mission: sichere Rückkehr zur Erde.

Wichtigster Bestandteil des Rettungskomplexes ist der Raumanzug. Dieser wird routinemäßig bei Start und Landung sowie beim Andocken getragen. Der Helm ist darin integriert, die Handschuhe sind extra. Ein ausgeklügeltes Ventilationssystem ermöglicht das Atmen auch bei geschlossenem Visier sowie die Belüftung des ganzen Körpers, sonst würde man in diesem vollständig luftdichten Anzug schon sehr bald einen Hitzeschlag erleiden.

Durch seitlich wegführende Schläuche werden nicht nur EKG und Atmung des Kosmonauten kontrolliert, sondern auch Luft aus dem Raumschiff zugeführt. Sollte dies nicht mehr möglich sein, so kann die Luft direkt aus den Sauerstofftanks in den Raumanzug geleitet werden.

Ein Raumanzug kostet etwa 1,2 Millionen Schilling – und für jeden von uns wurde einer maßgeschneidert. Noch in der Fabrik wird er auf seine Undurchlässigkeit geprüft. Man muß dabei zwei Stunden in einer Unterdruckkammer im Fast-Vakuum aushalten. Würde man während dieses Tests das Visier öffnen, würde der Körper sofort platzen.

Ein weiteres lebenserhaltendes Problem ist die Wasserversorgung an Bord des Sojus-Schiffes. Es werden etwa zwanzig Liter mitgeführt, die mit Hilfe einer händisch zu bedienenden Pumpe aus einem Behälter entnommen werden.

Man muß nun besondere Aufmerksamkeit darauf legen, das Ansatzstück bereits im Mund zu haben, wenn man die Pumpe bedient. Mißachtet man diese Regel, dann schwebt das Wasser im Inneren der Kapsel herum und muß nun ganz mühsam – Tropfen für Tropfen – wieder eingefangen werden.

In der Raumstation selbst ist das Essen recht gut. Auf dem Weg dorthin muß man sich mit Trockenprodukten aus der

Dose und diversen Säften aus der Tube zufriedengeben. Dabei kann es natürlich schon zu recht amüsanten Verwechslungen kommen.

Während der Besichtigung des Raumschiffes tauschte der Kommandant jenes Fluges, mit dem unsere englische Kollegin Helen Sharman zur Raumstation MIR gelangte, eine dieser Fruchtsaft-Tuben gegen eine Tube Wodka aus. Kein Mensch merkte etwas davon. Als sich die Kapsel über dem Pazifik befand, wollte Helen, die während der Startphase ziemlich geschwitzt hatte, etwas trinken. Sie griff zur Tube, nahm einen kräftigen Schluck und ... und spuckte den kostbaren Wodka an die Innenseite ihres Visiers. Sie war auf Orangensaft vorbereitet. Doch auch der darauf folgende Lachkrampf der übrigen Mannschaft brachte das Raumschiff nicht vom Weg zu seiner Umlaufbahn ab.

Wer trinkt und ißt, der muß auch auf die Toilette. Das ist ein Thema, mit dem sich sogar schon Liedermacher auseinandergesetzt haben. »Wohin müssen die Astronauten, wenn sie müssen?« fragte sich Donavan schon in einer Zeit, in der die Raumflüge gerade erst modern wurden.

Da mit allen Mitteln verhindert werden muß, daß menschliche Ausscheidungsprodukte fester oder flüssiger Konsistenz frei im Raumschiff umherschweben, funktioniert die Toilette nach dem Staubsaugerprinzip. Ein kontinuierlicher Luftstrom saugt die flüssigen Bestandteile in einen speziellen Kontainer. Die Auffangvorrichtung für Urin ist trichterförmig. Die für Stuhl gleicht einem Nachttopf, in den ein Plastiksäckchen gelegt wird. Dieses wird nachher hermetisch verschlossen und zu den Abfällen geworfen. Die beiden Vorrichtungen können entweder getrennt oder gemeinsam verwendet werden. Sollte sich eine Frau an Bord befinden, so hat der Auffangbehälter eine etwas andere Form.

Bei einem Raumflug vor etwa vier Jahren wurde der obere Teil der Kapsel, in dem sich auch die Toilette befindet, zu früh abgetrennt. Das Raumschiff mußte jedoch aus technischen Gründen noch mehr als einen Tag in der Umlaufbahn bleiben. Nach Berichten der Bergungsmannschaften waren beide Kosmonauten bei ihrer »Befreiung« durch und durch naß.

Lustig ist so eine Situation freilich nur für einen Außenstehenden. Wenn das Raumschiff dann auch noch unvorherge sehen in einem arktischen oder tropischen Gebiet der Erde landet, hört sich der Spaß endgültig auf.

Es ist für die Rettungstrupps nicht immer leicht, die Kapsel gleich ausfindig zu machen, um an Ort und Stelle die notwendigsten Maßnahmen zu setzen. Für einen solchen Fall befinden sich an Bord Lebensmittel, Wasser und spezielle Ausrüstungsgegenstände, die das Überleben unter verschiedensten extremen Umweltbedingungen ermöglichen sollen. Dazu gehören auch wasserdichte Anzüge für eine eventuelle Landung im Meer oder spezielle Wärmekleidung für den Fall, daß das Raumschiff irgendwo in der Antarktis zu Boden geht.

In dieser Schatzkiste für bestimmte Stunden findet man eine Angel, eine dreiläufige Pistole, mit der man Signalpatronen abfeuern kann, die sich jedoch auch für die Jagd eignet, eine Funkausrüstung und eine Taschenlampe, einen Kompaß, ein Taschenmesser, eine Machete und eine Handsäge, einen Signalspiegel und Signalpfeifen, sowie Sonnenbrillen und eine kleine Apotheke. Während des Überlebenstrainings hatten wir genügend Gelegenheit, all diese Gegenstände auch in der Praxis auszuprobieren.

Doch all das Zeug ist gänzlich nutzlos, wenn es erst gar nicht gelingt, zur Erde zurückzukehren. Denn auch das kann passieren. Und zwar dann, wenn es zu einem Triebwerksausfall kommt. Die Triebwerksysteme sind sehr heikel und müssen mit größter Sorgfalt behandelt werden. Es gibt einen großen Motor für Beschleunigungs- und Bremsmanöver, sowie vierzehn mittelgroße und zwölf kleine Motoren für Orientierung und Navigation.

Auf der Erde verbrennt der Treibstoff sozusagen automatisch mit der Luft, die die Triebwerke umgibt. Die Besonderheit im luftleeren Raum ist, daß Sauerstoff mitgeführt werden muß, damit es überhaupt zu einem Verbrennungsvorgang kommen kann.

Von meiner Jugend her sind mir die Landungen der amerikanischen Apollo-Kapseln noch sehr gut in Erinnerung. Es war beeindruckend, wie sie sanft, an drei Fallschirmen hängend, herunterschwebten und dann auf der Wasseroberfläche aufsetzten.

Bei den Russen gibt es da einen grundlegenden Unterschied: Das Raumschiff landet im Regelfall in der Wüste von

Kasachstan. Also auf festem Boden. Als ich zum allerersten Mal die Fernsehübertragung einer solchen Landung sah, dachte ich, daß niemand im Inneren der Kapsel diesen Absturz überlebt haben könnte. Es wurde soviel Staub aufgewirbelt, daß man eher den Eindruck hatte, es hätte soeben eine Bombe eingeschlagen.

Wie mir andere Kosmonauten erzählten, ist die Landung auch tatsächlich ziemlich hart. Es kann sogar zu Verletzungen kommen. Doch was wie ein Bombeneinschlag aussieht, ist nichts anderes als die explosionsartige Zündung zusätzlicher Bremsraketen, die erst achtzig Zentimeter über dem Boden erfolgt. Die Zündung dieser Bremsraketen wird durch ein Laser-Entfernungsmeßgerät ausgelöst. Sie sorgen sozusagen für den letzten Sicherheitspolster, der schließlich zu einer halbwegs weichen Landung führt.

Zu diesem Zeitpunkt ist ein an sich sehr komplizierter Bremsvorgang bereits abgeschlossen. Dieser beginnt nach dem Wiedereintritt in die Erdatmosphäre in einer Höhe von 12,5 Kilometern. Dort reagiert ein Luftdruckdetektor, der einen bestimmten Mechanismus in Gang setzt.

In 10.500 Metern wird der Deckel des Kontainers für das Hauptsystem weggesprengt. Aus der dadurch entstehenden Öffnung wird ein Bremsfallschirm herausgezogen, der die Fallgeschwindigkeit von 250 auf 100 Meter pro Sekunde senkt. Im Anschluß an diesen ersten Bremsvorgang öffnet sich der Hauptfallschirm, der eine Fläche von 1.000 Quadratmetern hat. Doch er öffnet sich nicht plötzlich, sondern in mehreren Stufen. Durch diesen riesigen Schirm wird die Geschwindigkeit schließlich auf sieben Meter pro Sekunde reduziert.

Versagt das Hauptfallschirmsystem, so reagiert ein Geschwindigkeitsmeßgerät und löst das Reservesystem aus. Der Ersatzfallschirm hat zwar nur eine Größe von 590 Quadratmetern, doch auch diese Fläche reicht noch aus, um eine normale Landung zu garantieren.

Im Normalfall wird in einer Höhe von 4.000 Metern der Hitzeschild abgesprengt, wodurch überflüssig gewordener Ballast wegfällt. Dieser Vorgang ist auch für die Aufrechterhaltung einer halbwegs normalen »Raumtemperatur« im Inneren der Landekapsel recht angenehm. Sollte während all dieser Vorgänge ein starker Wind wehen und die Kapsel hin und her wiegen, so kann die Landung bedeutend härter ausfallen.

Während der Arbeit in der Raumstation steht einem diese besonders spannende Phase des Fluges zwar noch bevor, einen anderen kritischen Abschnitt hat man jedoch zu diesem Zeitpunkt längst hinter sich: nämlich den Start.

Die Sojus-Rakete hat eine sehr zuverlässige Rettungsautomatik, welche das Überleben der Besatzung im Falle einer Havarie der Trägerrakete während des Startvorganges sicherstellt. Ich glaube, daß zuverlässig das richtige Wort ist, da es in der Vergangenheit schon mehrmals zu solchen Zwischenfällen gekommen ist.

Falls also etwas schiefgeht, dann endet der Start auch gleich mit der Landung. Damit die Besatzung gerettet wird, werden kontinuierlich verschiedenste Parameter kontrolliert. Sollten diese Werte von der Norm abweichen, wird die Automatik in Gang gesetzt.

Das passiert zum Beispiel, wenn sich die Rakete zu stark zur Seite neigt. Oder wenn die einzelnen Stufen nicht zum richtigen Zeitpunkt abgetrennt wurden. Es kann aber auch passieren, daß die zum Verlassen der Atmosphäre notwendige Geschwindigkeit nicht erreicht wird, daß der Druck in den Brennkammern abfällt, oder daß es zu sehr starken Vibrationen kommt. In all diesen Fällen beginnt der Rettungsmechanismus sofort zu funktionieren.

Es kann auch geschehen, daß die Rakete noch auf dem Startplatz explodiert. Im Falle dieser Katastrophe treten die relativ kleinen Notraketen in Aktion, die an der Spitze der bemannten Kapsel angebracht sind. Mit ihrer Hilfe wird die Kapsel blitzschnell aus dem Bereich dieser tödlichen Gefahr geschleudert und in eine Höhe von 1.500 Metern gezogen. Dort öffnet sich der Fallschirm und ein relativ normaler Landevorgang kann beginnen.

Wenn all das überstanden ist, besteht nur noch die Gefahr, daß die Kapsel in das flammende Inferno auf dem Boden zurückgetrieben wird. Um das zu verhindern, gibt es ein spezielles Windmessungsgerät, welches die Rettungsraketen mit der jeweiligen Windrichtung noch weiter vom Unglücksort wegsteuert.

Derselbe Mechanismus funktioniert noch bis 118 Sekunden nach dem Start. Erst dann werden die Rettungsraketen abgetrennt, denn zu diesem Zeitpunkt sind Höhe und Geschwindigkeit bereits ausreichend, um im Falle einer Havarie der Trägerrakete das bemannte Schiff schlicht und einfach abzutrennen. Von diesem Moment an läuft ein ganz normaler Landevorgang.

Wie steht's um den Blauen Planeten?

Welchen Sinn hat die Raumfahrt eigentlich? Wozu kreisen Satelliten um die Erde? Warum halten sich ständig Wissenschaftler und Forscher in den diversen Raumstationen auf? Wird auf diese Weise ein Teil der Abenteuerlust des Menschen befriedigt? Dient all das Gerümpel in der Umlaufbahn wirklich nur der strategischen Kontrolle unseres Planeten? War es notwendig, Menschen zum Mond zu schießen? Wie sinnlos waren die Todesopfer, die die Raumfahrt gefordert hat?

Ich würde mich nicht in die Umlaufbahn schießen lassen, wenn ich inzwischen nicht auf viele dieser Fragen positive Antworten geben könnte. Die meisten Menschen haben keine Vorstellung von der Arbeit in einer Raumstation und von den beeindruckenden Resultaten, die sie bringt.

Die Experimente sind weder von utopischen Visionen noch von Abenteurerwahn getragen. Sie dienen nicht dazu, irgendwann einmal andere Galaxien zu erforschen oder womöglich gar zu besiedeln. Und sie tragen auch nicht dazu bei, unseren Planeten mit einem strategischen Vernichtungsnetz zu umspinnen. Was hier betrieben wird, ist nicht die Vorstufe zu »Star Wars« und hat mit Science Fiction nur ganz am Rande etwas zu tun.

Ein spannendes Abenteuer bleibt die Raumfahrt allemal, wenngleich sie nichts mit irgendwelchen Hollywood-Phantasien gemein hat. Im Mittelpunkt des Interesses steht die Sorge um die Erhaltung des Lebens auf unserem Blauen Planeten.

Die sowjetischen Kosmonauten beschäftigen sich im Prinzip mit drei verschiedenen Objekten. Durch astrophysikalische Experimente wird die Erforschung der kosmischen Strahlung im Röntgen-, Infrarot- und Ultraviolettbereich, aber auch in jenem Bereich, der für das menschliche Auge sichtbar ist, betrieben.

Die Resultate dieser Experimente geben Aufschluß über unzählige Fragen der Astrophysik. Und am Ende erwartet man sich von diesen Erhebungen eine schlüssige und unumstößliche Theorie über die Entstehung des Universums.

Der zweite Forschungsbereich besteht aus geophysikalischen Experimenten. Die Erforschung der Erdoberfläche und der Atmosphäre mit Hilfe von speziellen Fotoapparaten und Spektrometern ist in vieler Hinsicht unverzichtbar für das Leben auf der Erde.

Mit Hilfe dieser Beobachtungen wird zum Beispiel die Entwicklung der sowjetischen Landwirtschaft kontrolliert. Durch die ständige Kontrolle der Ozeane können besonders ertragreiche Fischreviere erkundet werden.

Die Sowjetunion hat sehr stark unter Umweltproblemen zu leiden. Aus diesem Grund nimmt die Überwachung der ökologischen Entwicklung einen ständig wachsenden Stellenwert im Rahmen der Weltraumforschung ein.

Man kann Ozonlöcher ausfindig machen, Smog und Giftwolken orten, die Zusammensetzung der Luft und die Verschmutzung des Wassers statistisch registrieren und entsprechend auswerten. Konkrete Hilfe ist aus dem Weltraum jedoch keine zu erwarten. Es ist nicht möglich, die Erde mit irgendwelchen geheimnisvollen Strahlen zu heilen. Doch man kann die Folgen unserer Umweltsünden zumindest berechnen, um die Menschen davon zu überzeugen, daß auf der Erde etwas geschehen muß. Und vor allem, was geschehen muß.

Doch auch die Überwachung der Naturgewalten spielt eine entscheidende Rolle. Wetterbeobachtungen, die Kontrolle über die tätigen Vulkane, Aufzeichnungen über die Wanderungen von Gletschern und die Entwicklung unserer Waldbestände, sowie Berechnungen über die Abhängigkeit der Gezeiten gehören zur täglichen Routine der verschiedenen Forscherteams. Ganz abgesehen davon wird auch die Suche nach Bodenschätzen vom Weltraum aus relativ erfolgreich betrieben.

Der dritte Bereich der Kosmonauten Arbeit fällt unter den Begriff »kosmische Technik«. Es ist schwierig, diesen Bereich allgemein verständlich darzustellen, da die einzelnen Experimente ebenso vielfältig wie kompliziert sind. Es wird jedoch für die bemannte Raumfahrt immer wichtiger, auch in wirtschaftlicher Hinsicht Resultate zu liefern. Schließlich zählt sie zu den kostspieligsten Unternehmen, die der Mensch jemals betrieben hat.

Und so wird eine Reihe von Materialien, die heute in der Hochtechnologie Verwendung finden, im Weltraum erzeugt. Die diesbezüglichen Schlagwörter sind »Halbleiter« und »Superleiter«. Unter den »außerirdischen« Bedingungen der Schwerelosigkeit gelingt es nämlich, spezielle Legierungen und reinste Kristalle herzustellen. Diese sind wiederum Grundbestandteile von »Mikrochips« und somit für die Computertechnologie unverzichtbar.

Auch die Medizin profitiert von diesen Bedingungen: Eine der Aufgaben der Raumstation MIR ist die Erzeugung reinsten Insulins für Zuckerkranke.

Doch so sehr die Philosophie der Raumfahrt mit beiden Beinen auf dem Boden der Realität steht, so sehr muß ein technisch nicht besonders versierter Mensch die Raumstation als technische Schöpfung aus einem noch weit entfernten Jahrtausend empfinden.

Wunderwerk der Technik

Die MIR-Station ist ein Wunderwerk der Technik. Und erst, wenn man sich die absolute Lebensfeindlichkeit des Weltraums vor Augen führt, wird einem bewußt, welch enorme wissenschaftliche Leistung dahinter gesteckt haben muß, dieses phantastische Ungeheuer zum Leben zu erwecken und für Menschen bewohnbar zu machen.

Der Basisblock der Raumstation MIR hat ein Gewicht von zwanzig Tonnen ... nein, eigentlich wiegt er gar nichts, denn er befindet sich ja im schwerelosen Raum. Doch seine Länge von dreizehn Metern kann ihm nicht einmal die Schwerelosigkeit absprechen. Der maximale Durchmesser der zylinderförmigen Hülle beträgt vier Meter.

Von einem zentralen Steuerpult aus können alle wichtigen Operationen durchgeführt werden. Sämtliche Parameter werden von hier aus kontrolliert. Auch der Bord-Computer befindet sich in diesem Bereich. Er leitet und überwacht alle Systeme der Raumstation. Er verteilt den elektrischen Strom auf die einzelnen Geräte, speichert und verwertet sämtliche Informationen und reagiert entsprechend. Der Computer ist mit einem speziellen Pult gekoppelt, an dem Warn- und Alarmsignale angebracht sind.

32 Triebwerke, die an beiden Enden des Basisblocks rund um diesen angebracht sind, ermöglichen es, die Raumstation in jede beliebige Richtung zu bewegen. Der Treibstofftank faßt etwa 800 Kilogramm. Doch obwohl er regelmäßig von Versorgungsschiffen aufgefüllt wird, werden die Manöver meistens mit Hilfe von speziellen Kreiselgeräten durchgeführt, die elektrisch betrieben werden.

Die Versorgung mit elektrischer Energie erfolgt duch dreißig Meter lange Sonnenbatterien. Diese haben cine Oberfläche von 120 Quadratmetern. Durch spezielle Geräte wird der genaue Stand der Sonne bestimmt. Die Batterien richten sich automatisch danach ein.

Außerhalb der Atmosphäre sind die Temperaturunterschiede zwischen Sonnenseite des Orbits und Erdschatten sehr groß. Da innerhalb der hermetisch dichten Station zwei bis fünf Menschen leben, die Körperwärme abgeben, da eine Reihe von Geräten zusätzlich für eine Erhöhung der Temperatur sorgt, zählt die Wärmeregulierung zu den schwierigsten technischen Aufgaben. Nur das einwandfreie Funktionieren dieses ausgeklügelten Systems macht das Leben an Bord überhaupt erst möglich.

Die Oberfläche der gesamten Station ist mit einer strahlenreflektierenden Hülle überzogen. Sie besteht aus mehreren Schichten einer Aluminiumfolie. Eigentlich ist das das gleiche Prinzip wie bei einer Tafel Schokolade. Spezielle, mit Freon betriebene Aggregate sammeln im Inneren der Station die anfallende Wärme und strahlen diese über Wärmeaustauscher in den Weltraum ab. Gasanalysatoren kontrollieren laufend die Luftzusammensetzung und auch den Luftdruck. All diese Daten werden auch zur Erde durchgegeben. Sollte einer dieser Werte nicht stimmen, dann schrillen auch in der Bodenstation die Alarmglocken.

Die Sauerstoffversorgung im Basisblock erfolgt durch Feststoffpatronen, die durch eine chemische Reaktion 600 Liter Sauerstoff abgeben. Das ist ungefähr jene Menge, die ein Mensch täglich braucht, um überleben zu können. Regenerator-Patronen filtern Kohlendioxid und andere schädliche Gase aus der Luft.

Es ist wichtig, sich all diese hoch komplizierten technischen Vorgänge einmal vor Augen zu führen. Denn auf der Erde werden sie ganz automatisch von der Natur erledigt. Wir atmen, ohne uns darüber Gedanken zu machen. Im Gegenteil: Wir zerstören auch noch jene atmosphärischen Einrichtungen, die uns diesen selbstverständlichen Luxus bescheren. Wenn aber jeder einzelne Schritt zur Herstellung eines lebenswerten Klimas erarbeitet werden muß, dann wird einem erst bewußt, welche Reichtümer uns auf der Erde »in den Schoß gelegt« werden. Ich bin davon überzeugt, daß mein neu gewonnenes Verständnis für die Technik in erster Linie mein Naturbewußtsein entscheidend gehoben hat.

Gutes Essen hält Leib und Seele zusammen, heißt es. Nun, »himmlisch« sind die Gerichte, die einem in der Raumstation vorgesetzt werden, leider nur in einer Hinsicht.

Doch das Essen ist genießbar, wie mir viele meiner Kollegen versicherten. Ich habe es aber auch selbst getestet.

Die tägliche Nahrungsmittelration besteht aus drei Mahlzeiten. Dabei werden 3.300 Kalorien aufgenommen. Die Auswahl auf der »Speisekarte« ist beachtlich: Es werden insgesamt 75 verschiedene Produkte angeboten. In Moskau muß man vermutlich ewig suchen, um ein Restaurant mit ähnlicher Vielfalt aufzuspüren.

Vom Geschmack her ist das »himmlische« Essen dem »irdischen« tatsächlich sehr ähnlich. Allein die Zubereitung funktioniert anders. In einem Eisschrank und in mehreren Kontainern werden die Produkte in Form von Sublimaten aufbewahrt. Das sind Nahrungsmittel, denen vollständig das Wasser entzogen wurde. Um sie genießbar zu machen, muß eine genau abgemessene Menge von kaltem oder warmem Wasser hinzugefügt werden.

Nahrungsmittel, bei denen das nicht möglich ist, gibt es in Dosen oder Tuben. Sollte gerade ein Transportraumschiff vorbeigekommen sein, sind meist auch Frischprodukte verfügbar. Um diese aufzubewahren, existiert auch ein Tiefkühlschrank an Bord. Doch dieser ist schon seit längerer Zeit wegen eines technischen Gebrechens außer Gefecht. Ich sehe ein, daß es zu kostspielig wäre, einen Elektriker für Küchengeräte einfliegen zu lassen. Doch vermutlich ist das Gerät ohnehin irreparabel, sonst wäre es doch wohl einem der perfekt ausgebildeten Techniker an Bord bereits gelungen, den Tiefkühlschrank wieder betriebsfähig zu machen.

Brot wird in kleinen Stücken geliefert, da es sonst beim Zerteilen zu Bröseln kommen würde, die wiederum im schwerelosen Raum einzeln eingefangen werden müßten. Ganz allgemein muß man bei den Mahlzeiten sehr aufpassen, damit es zu keinerlei Verschmutzung kommt. Es gibt gewisse Essensrationen, die jeder Kosmonaut zu sich nehmen muß. Danach kann er von einer Art Buffet frei auswählen.

Ein Phänomen beschäftigt alle: Im All kann sich der Geschmackssinn vollkommen verändern. Einige Kosmonauten, die auf der Erde nicht das geringste für Fisch übrig hatten, waren in der Raumstatioin plötzlich ganz verrückt danach. Dafür gibt es derzeit noch keine vernünftige Erklärung.

Die Wassertanks werden regelmäßig von Versorgungsschiffen aufgefüllt. Doch das allein würde nicht ausreichen.

Aus diesem Grund wurde ein Gerät entwickelt, welches durch Kondensation der Luft das Wasser entzieht. Da der Mensch pro Tag eineinhalb Liter Wasser beim Atmen abgibt, ist dies ein genialer Regenerationsmechanismus. Das Kondensat wird gefiltert, gereinigt und nach dem Zusatz von Mineralstoffen durch Erhitzen auf 85 Grad pasteurisiert. Anschließend kann es zum Aufbereiten der Sublimate verwendet oder sogar getrunken werden.

Auch das Problem mit der Toilette ist in diesem Basisblock etwas komfortabler gelöst als im Transportraumschiff. Man kann das Unvermeidliche hier in einer kleinen, abgetrennten Kabine erledigen. Von »Intimsphäre« zu sprechen, wäre freilich übertrieben. Auch der Urin kann gesammelt, gefiltert und gereinigt werden. Nur aus psychologischen Gründen wird er nicht als Trinkwasser, wohl aber zur Aufbereitung der Luft verwendet.

Zum Schlafen stehen zwei Kabinen zur Verfügung. Doch das ist im Prinzip nur eine Empfehlung. Denn man kann praktisch überall schlafen. Da es aber nicht möglich ist, sich gemütlich in sein Bettchen zu legen, weil man nicht nur ins Land der Träume, sondern auch rein körperlich entschweben würde, klettert man in einen Schlafsack. In diesem müssen auch die Hände befestigt werden. Die fangen nämlich im Tiefschlaf aus bisher noch völlig ungeklärter Ursache an, unkontrollierbar in der Gegend herumzuschlagen und zu fuchteln. Dieses Phänomen muß zwar recht lustig mitanzusehen sein, da man sich jedoch dabei ziemlich schwer verletzen kann, ist es ratsam – und verpflichtend – sich davor zu schützen.

Auch ein Rasierapparat, der die abgesägten Bartstoppeln gleichzeitig ansaugt, ist an Bord. Ein besonders witziges Gerät ist der Staubsauger, mit dem sämtliche Innenwände der Station gereinigt werden müssen. Ein erfahrener Kosmonaut hat mir erzählt, daß man auf diesem Ding wie eine Hexe auf ihrem Besen durch die Station reiten kann.

Zur sportlichen Ertüchtigung trägt dieses Staubsauger-Rodeo allerdings wohl kaum bei. Um der Muskelatrophie entgegenzuwirken, muß man regelmäßig Übungen auf dem Ergometer und auf einem Laufband machen. Dies ist natürlich besonders für jene Kosmonauten wichtig, die für längere Zeit in der Raustation bleiben müssen. Der Kommandant der Sojus TM-13, Alexander Wolkow, mußte noch bis zum März auf MIR bleiben und durfte erst mit der Crew des Deutschen Klaus Dietrich Flade zur Erde zurückkehren. Das System der sowjetischen Raumfahrt basiert auf solchen extren langen Aufenthalten im Weltall. Und zwar aus einem ganz einfachen Grund: Je länger man oben bleibt, desto seltener müssen bemannte Flüge gestartet werden. Die Kostenersparnis bewegt sich in Dimensionen, für die man die Unannehmlichkeiten und Entbehrungen im »außeridischen Exil« in Kauf nimmt.

Normalerweise trägt die Mannschaft sportliche Kleidung. Doch bei besonders langen Aufenthalten in der Station wird ein spezielles Kostüm angelegt, welches den Körper ein wenig zusammendrückt und damit dem Muskelabbau zusätzlich entgegenwirken soll.

Franz Viehböck

Völlig losgelöst von der Erde

Zugegeben, man braucht Phantasie, um sich das Leben in einem schwerelosen Raum richtig vorstellen zu können. Doch ich glaube, auch wenn das gelingt, wird man immer wieder Überraschungen erleben, mit denen man einfach nicht gerechnet hat. Es gibt kein Unten und kein Oben – und doch würde es drunter und drüber gehen, hielte man sich nicht streng an die überlieferten Regeln und Erfahrungen anderer Kosmo- und Astronauten.

An der Außenseite des Basisblocks befinden sich drei Sonnenbatterien. Außerdem sind diverse Antennen angebracht, welche die Funkverbindung und die Datenübertragung zur Erde oder zu Kommunikationssatelliten aufrechterhalten. Blinklichter erleichtern den Andockprozeß.

Mit dem Basisblock sind drei Module gekoppelt, die alle verschiedene Funktionen haben. Das Modul »Quant« wiegt etwa neun Tonnen und ist sechs Meter lang. In ihm befinden sich die wichtigsten Einrichtungen zur Entfernung von Kohlendioxid und schädlichen Gasen aus der Luft. All diese Systeme arbeiten ohne Unterbrechung. Durch eine Verbindung ihrer Filterpatronen mit dem Vakuum des Weltraums können sie immer wieder regeneriert werden.

Dieser Vorgang erfordert ein diffiziles Klappensystem und dementsprechende Sicherheitsvorkehrungen. So müssen sich etwa bei Druckabfall sämtliche Klappen sofort automatisch schließen. Im übrigen dient das Andocken dieses Moduls in erster Linie der zusätzlichen Versorgung mit wissenschaftlichen Geräten.

Das Modul »Quant 2« ergänzt diese Ausrüstung noch weiter, ist jedoch genauso groß und schwer wie der Basisblock. Äußerst wichtige Lebenserhaltungssysteme befinden sich in diesem Abschnitt. An seiner Außenhaut sind weitere Sonnenbatterien mit einer Fläche von 53 Quadratmetern angebracht.

94

In den Tanks dieses Moduls werden 1,7 Tonnen Treibstoff mitgeführt. Für den Fall, daß das Raumschiff undicht geworden ist, verhindern zwei Ballons mit Preßluft einen Druckabfall.

»Quant 2« ist jener Teil der Raumstation, von dem aus man in den freien Weltraum aussteigen kann. Die sogenannte Schleusenabteilung hat eine besonders große Luke, die nach außen geöffnet werden kann. Sie eignet sich auch für einen Ausstieg mit dem sogenannten »Weltraummotorrad«. Dabei ist der Kosmonaut nur mehr durch eine dünne Sicherheitsleine mit der Raumstation verbunden. Im übrigen kann er sich vollkommen frei bewegen.

1965 stieg Alexej Leonov als erster Mensch in den freien Weltraum. Und um ein Haar wäre dieser Ausflug tödlich verlaufen. Man hatte nicht erwartet – und auch keine Berechnungen hatten darauf hingewiesen – daß sich der Raumanzug des Kosmonauten dermaßen stark aufblasen würde. Leonov hatte größte Probleme, in die Schleuse zurückzukehren. Er führte einen mehrstündigen Kampf ums bloße Überleben, ehe er es schließlich schaffte.

Danach mußte man dementsprechend umdenken. Bei unserem ersten Simulatortraining im Raumanzug im September 1990 wurde zuallererst die Dichte des Anzuges überprüft. Die Druckdifferenz zur Außenwelt beträgt dabei 0,35 atm. Wir spürten am eigenen Leib, wie schwer es ist, sich dann noch in diesem Raumanzug zu bewegen.

Es ist beinahe unmöglich, die Arme anwinkeln, da der Anzug durch den Druckunterschied steif wie ein Brett wird. Jede Bewegung erfordert vollen Krafteinsatz. Und von diesem Moment an war uns klar, warum ein Ausstieg in den freien Weltraum nicht etwas Alltägliches sein konnte, sondern eine Aktion, die einem physisch und psychisch alles abverlangte. Während eines Ausstiegs herrscht innerhalb des Raumanzuges nämlich ebenfalls ein Druck von 0,35 atm.

Wahre technische Wunderwerke sind die Wasser-Wiederaufbereitungsanlagen dieses Moduls. Urin wird, wie schon vorher beschrieben, in Sauerstoff und Wasserstoff getrennt. Der Wasserstoff wird in den Weltraum abgesaugt, der Sauerstoff wird zur Bereicherung der Atemluft verwendet. Außerdem wäscht man sich immer mit demselben Wasser, da dieses nach Gebrauch neu aufbereitet wird.

Allerdings funktioniert die Dusche noch nicht einwandfrei. Es würde etwa fünf Stunden dauern, bis man den auf der Erde so einfachen Vorgang des Duschens erfolgreich abschließen kann. Aus diesem Grund waschen sich alle Kosmonauten meist mit feuchten, mit einer Seifenlösung getränkten Handtüchern. Duschte man sich hier mit einer ganz normalen Brause, so würde man schlicht und einfach ertrinken, da das Wasser überall völlig unkontrolliert herumschwirren würde. Es bedarf also einer Spezialvorrichtung. Und diese ist eben noch nicht ganz ausgereift.

Der dritte Anhang zum Basisblock ist das Modul »Kristall«. Dieses ist derzeit noch eine reine wissenschaftliche Forschungsstation. Kristallisatoren zum Heranzüchten einwandfreier Kristalle und medizinisch-biologische Apparaturen zur Erzeugung besonders konzentrierter Medikamente bilden das Herzstück dieses Moduls, das in seinen Abmessungen »Quant 2« gleicht.

An der Außenhülle sind außerdem einige Geräte zur Registrierung energetisch geladener Teilchen angebracht.

Die zweite Funktion des »Kristall«-Moduls ist derzeit tatsächlich noch »Science fiction«. Doch es wird daran gearbeitet. An seinem Andockstutzen soll schon sehr bald die sowjetische Raumfähre »Buran« anlegen können. Das System ist dabei ganz ähnlich wie beim amerikanischen »Space Shuttle«.

In ferner Zukunft können an dieser Stelle auch noch weitere wissenschaftliche Abteilungen beziehungsweise ein Rettungsraumschiff mit der Raumstation MIR gekoppelt werden.

All diese Dinge mußten auch wir freilich erst lernen.

Kein Kosmonaut fällt schließlich vom Himmel ... Gott sei Dank!

Andererseits investierten wir unsere gesamte Zeit und einen großen Teil unserer grauen Zellen, um Verständnis für diese neue Welt der Technik zu entwickeln. Der Countdown für unser Unternehmen lief vom ersten Tag an. Ich hatte die magische Zahl 632 auf einen Zettel geschrieben. So viele Tage waren es noch bis zum Start. Wir hätten natürlich auch in Sekunden zählen können. Das wären 54.604.800 gewesen. Doch in diesem Fall hätten wir vermutlich Schwierigkeiten gehabt, mit dem Abstreichen nachzukommen.

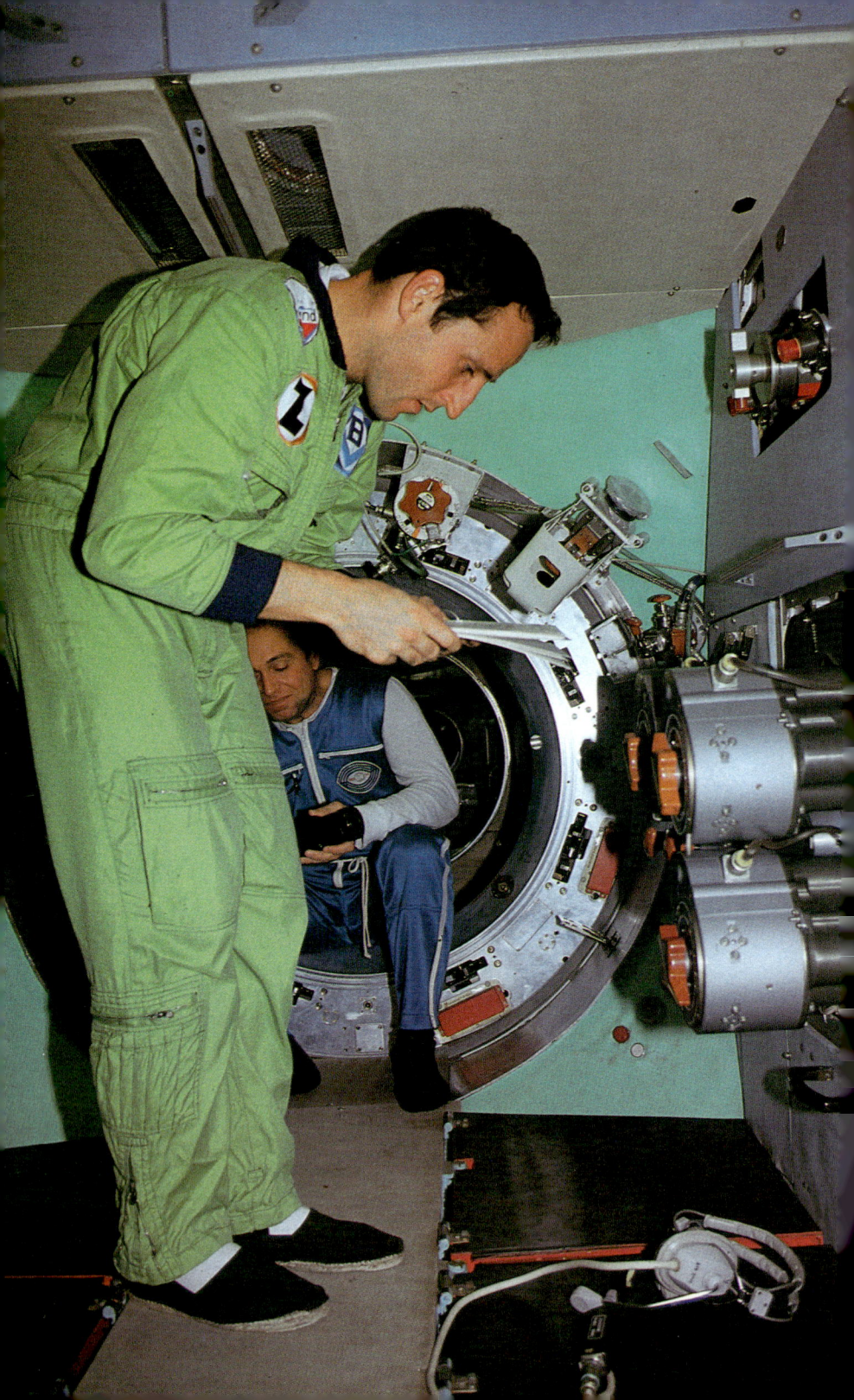

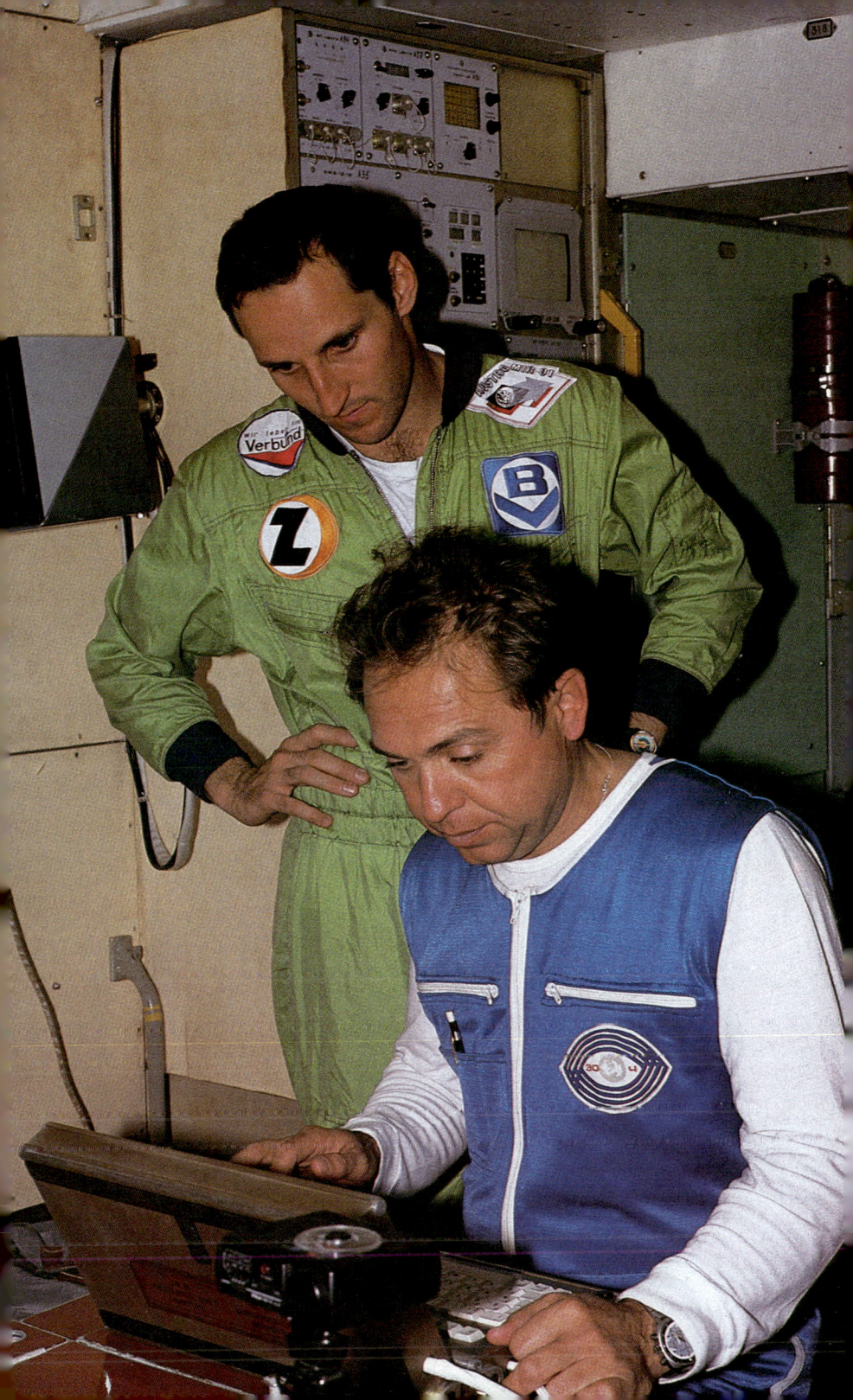

Möglicherweise hätten auch die Prüfungsergebnisse unter dieser Zählweise gelitten. So aber durften wir schließlich beide sehr stolz auf unsere Resultate sein.

In dieser Beziehung stellte der Ausspruch eines bestimmten Prüfers den Höhepunkt unserer Ausbildung dar. Vor versammeltem Gremium sagte er: »Die Kommission ist von Ihren Leistungen geschockt!« Übrigens meinte er nicht, daß wir uns haarsträubend dumm angestellt hatten. Das genaue Gegenteil war der Fall.

Mag sein, daß das eitel klingt, aber ich freue mich noch heute, wenn ich an diesen kuriosen Ausspruch denke.

FRANZ VIEHBÖCK

Mir san' mir!

Warum muß jetzt auch noch ein Österreicher ins All fliegen?
Ich höre sie schon, die kritischen Kommentare der ewigen
Nörgler. Es liegt halt ein bißerl in der österreichischen Men-
talität, alles mit skeptischem Raunzen zu betrachten. »Was
das alles kostet«, wird es heißen. »Für sowas hamma a Geld,
aber...« – nun, damit müssen die Verantwortlichen leben,
nicht ich. Meine Einstellung zu diesem und zu anderen Pro-
jekten ist klar und eindeutig festgelegt: Entweder man be-
kennt sich zum Fortschritt – oder man tut es nicht. Ich tue
es. Da ich als Wissenschaftler weiß, daß die Forschung keineswegs ein abstraktes, fiktives Gedankengebilde ist, mit
dem sich irgendwelche Genies beschäftigen, sondern daß
sie zu unserem Wohlstand wesentlich beigetragen hat, kann
und will ich in dieser Beziehung auch gar nicht anders denken. Und wenn es jemandem gelingen sollte, die Probleme
dieser Erde, die selbstverständlich teilweise auch durch die
Wissenschaft ausgelöst wurden, zu bewältigen, dann werden es wieder die Wissenschaftler sein. Wissenschaft und
Forschung gehören zu unserer Kultur wie Sprache, Litera-
tur, Musik, Schauspiel, Demokratie und Sport.

Das Projekt AUSTROMIR wurde 1988 im Rahmen eines
Regierungsabkommens zwischen der Sowjetunion und
Österreich beschlossen. Die Verantwortung liegt bei der
sowjetischen Weltraumbehörde Glavkosmos und dem österreichischen Bundesministerium für Wissenschaft und Forschung. Mit dem Generalmanagement wurde die Forschungsgesellschaft Joanneum in Graz beauftragt. Als
wissenschaftlicher Leiter fungiert Universitätsprofessor
DDr. Willibald Riedler.

Ich finde es beachtlich, daß eine derartige Kettenreaktion
von Aktionen trotz aller selbstauferlegten Hindernisse in
Österreich überhaupt in Bewegung gesetzt werden konnte.
Vielleicht trägt das spektakuläre Ereignis eines Weltraum-

fluges dazu bei, der Wissenschaft im allgemeinen einen wirklichkeitsnäheren Stellenwert in den Augen einer breiteren Öffentlichkeit zu geben.

Das scheint auch die Motivation dafür, daß erstmals ein Österreicher an einem bemannten Weltraumflug teilnehmen sollte.

Ein Wissenschaftskosmonaut, der zwischen 2. und 10. Oktober 1991 insgesamt vierzehn Experimente durchzuführen hatte. Die Resultate dieser Experimente können nur zum geringsten Teil Gegenstand dieses Buches sein, denn in vielen Fällen werden sie eine jahrelange Auswertung und viele Folgeexperimente erfordern.

Eines der Experimente soll hingegen dazu beitragen, daß Versuchsdaten bereits während der Mission der Bodenstation übermittelt und dort ausgewertet werden können. Im Grunde befaßt sich dieses Experiment mit der Entwicklung eines zentralen Bord-Computers, der einen Großteil der anderen Versuche steuern kann und die erhaltenen Daten speichern und verarbeiten soll.

Es war im Interesse der Auftrags- und Geldgeber dieser Experimente, daß die beiden Kandidaten auch bis zum Schluß der strapaziösen Ausbildung im Juri-Gagarin-Zentrum von Zvozdnij Gorodok (Sternenstädtchen) bei Moskau durchhielten. Hätte der Reservekandidat nach der Nominierung einer der beiden Kosmonauten für den endgültigen Flug das Handtuch geworfen, so wäre die Mission auch für den anderen beendet gewesen. Man mußte also beiden Kandidaten voll vertrauen können. Und die beiden mußten einander gegenseitig vertrauen. Indem wir dieses Vertrauen füreinander aufgebracht haben, haben wir das Vertrauen in uns gerechtfertigt.

Die Experimente sind so verschieden wie die Institute und Fakultäten, die sie in Auftrag gegeben haben. Der Kosmonaut ist also gleichzeitig das Versuchskaninchen. Auch der Einfluß des Weltraumes auf das Immunsystem und auf die genetische Substanz des Körpers wurde untersucht. Die Entwicklung von neuen Materialien unter diesen Bedingungen gehörten nicht nur zu den Hauptaufgaben dieses Fluges, es wird in Zukunft zu den Hauptaktivitäten an Bord von Raumstationen gehören.

Das einzige »patriotische« Experiment beinhaltet die Vermessung österreichischen Territoriums. Mit gleichzeitig durchgeführten Messungen am Boden soll festgestellt werden, wie sehr sich die Atmosphäre auf Fernerkundungsdaten auswirkt.

Die Experimente, die an Bord in 42 Arbeitsstunden durchgeführt werden mußten, wurden aus insgesamt 34 Projektvorschlägen gemeinsam mit den sowjetischen Partnern ausgewählt. Schon zu Beginn des Jahres 1989 begannen Universitätsinstitute, Universitätskliniken und Firmen aus allen Teilen Österreichs mit der Entwicklung dieser Versuche.

Franz Viehböck

Das grüne Gesicht Japans

Der 11. Februar 1990 war ein bedeutender Tag für uns. Vom Kontrollzentrum in Kaliningrad aus konnten wir den Start der Sojus TM-9 verfolgen. Es war der erste Start, den wir live miterleben durften. Ein beeindruckendes Ereignis.

Wir verfolgten das Geschehen auf einem großen Schirm, auf den die Weltkarte mit der momentanen Position der Raumstation projiziert ist. Links und rechts davon, auf etwas kleineren Bildschirmen, werden Bilder vom Startgelände in Baikonur übertragen. Zuerst konnte man die Mannschaft in der Rakete sehen, dann wurden Bilder von den letzten Augenblicken eingespielt. Schließlich sah man die Rakete wieder live, diesmal aus einiger Entfernung.

Der Start war für mich ein bisher unvergleichlich beeindruckendes Ereignis. Meine Augen waren von jenen Einstellungen gefesselt, die die Mannschaft zeigten. Ich konnte die Belastung, die auf sie wirkte, fast selbst spüren. Die beiden Kosmonauten konnten sich kaum noch bewegen. 526 Sekunden nach dem Start wurde die dritte Stufe der Rakete abgetrennt. Damit befand sich die Kapsel in der Schwerelosigkeit. Dieser Ausbruch aus der Erdatmosphäre versetzte den Kosmonauten noch einen Schlag, der sich ungefähr wie ein Tritt in den Hintern angefühlt haben muß.

Dann zückte der Kommandant des Raumschiffes einen Talisman und ließ ihn vor die Kamera schweben. Das war sozusagen das Zeichen, das im Kontrollzentrum ausgelassenen Jubel auslöste. Bis dahin hatte atemlose Spannung geherrscht. Jetzt gratulierte jeder jedem. Nachdem der Kommandant auf eindrucksvolle Weise demonstriert hatte, daß sich sein Schiff auf einer sicheren Umlaufbahn in etwa 229 Kilometern Höhe befand, schien alles gelaufen zu sein.

Wir hatten den Start zwar mit großem Interesse verfolgt, zu den beiden Kosmonauten fehlte uns jedoch fast jegliche Beziehung. Wir waren sozusagen die neutralen Beobachter

101

des gesamten Vorgangs, allerdings mit dem Hintergedanken, selbst einmal – in nicht allzu ferner Zukunft – an der Spitze einer solchen Rakete zur MIR-Station geschossen zu werden. Trotz aller Freundschaft und Loyalität zu Clemens war mir in diesem Augenblick klar, daß jeder von uns beiden daran dachte, daß er derjenige sein werde.

Zwei Tage später dockte die Sojus TM-9 an MIR an. Doch dieses Ereignis verfolgten wir bereits wieder im Sternenstädtchen in einem kleineren Kontrollzentrum, wo man im Prinzip die gleichen Bilder zu sehen bekommt. Es ist hier Brauch, daß die Frau des Kommandanten am Abend nach dem erfolgreichen Andock-Manöver ein Fest gibt. Dieses nahm natürlich den gewohnten Verlauf. Und es endete – wie alle Feste hier – mit einem kollektiven Absturz.

Beim nächsten Anlaß hätte auch ich beinahe einen Grund zum Saufen gehabt. Denn der nächste Start, der auf dem Programm stand, war jener meines japanischen Freundes Toyohiro Akiyama, der in der Sojus TM-11 saß. Ich durfte wiederum im Kontrollzentrum von Kaliningrad zuschauen. Ich hatte diesmal aber auch aus anderen Gründen viel mehr davon, weil ich die Sprache inzwischen viel besser beherrschte und weil ich mir auch vom technischen Ablauf her ein viel besseres Bild machen konnte als beim ersten Mal.

Mit besonderem Interesse verfolgte ich die Gespräche zwischen Kontrollzentrum und Mannschaft. Der Inhalt dieser Kommandos und Situationsberichte glich im wesentlichen jenen Anweisungen, die wir von unseren Instruktoren während der Simulator-Tests erhielten. Auch das war ein Indiz dafür, daß ich gar nicht mehr so weit von meinem großen Erlebnis entfernt war.

Neben mir im Kontrollzentrum saß ein gewisser Alexander Wolkow, ein erfahrener Kosmonaut. Er hatte bereits zwei Raumflüge hinter sich. Ich fragte ihn, ob er auch so aufgeregt sei wie ich. Er schloß die Augen und drehte sich mit einem schweren Seufzer zu mir: »Ich würde viel, viel lieber in der Rakete sitzen als hier«, sagte er. »Du kannst dir gar nicht vorstellen, wie nervös ich bin! Bei keinem meiner beiden eigenen Starts habe ich mich so aufgeregt wie diesmal.«

Diese Antwort war mir überaus sympathisch. Und ich war erleichtert und erfreut zugleich, als ich später erfuhr, daß Wolkow mein Kommandant sein würde.

Auf dem Bildschirm wurde ein paarmal Rioko Kikutsi eingeblendet. Sie war die Ersatzkosmonautin für Toyohiro. Sie verfolgte den Start von der Zuschauertribüne in Baikonur aus. Der kleinen Japanerin war ein besonderes Mißgeschick widerfahren: Drei Tage vor dem Start hatte sie sich einer Blinddarmoperation unterziehen müssen. Auch Toyohiros Frau beobachtete das Geschehen von der Tribüne aus sehr gespannt.

Der Japaner flog als Journalist im Auftrag von TBS (Tokio Broadcasting System). Die ersten Bilder, die von ihm gesendet wurden, waren in der Qualität unvergleichlich besser als alles, was man bisher von sowjetischen Kameras gesehen hatte. Früher konnte man nur Schimmer und Umrisse erkennen. Jetzt war plötzlich alles gestochen scharf. Unmittelbar vor dem Start sah ich noch einmal Toyohiros Gesicht. Ein befremdendes Gefühl, wenn einem ein guter Freund zulächelt.

Es war übrigens das letzte Mal, daß Toyohiro lachte. Kaum in der Umlaufbahn angekommen, überwältige ihn die Weltraumkrankheit. Sein Gesicht wurde grün und legte die Farbe bis zur Landung kaum noch ab. Da dem armen Mann furchtbar übel gewesen sein muß, ließ in der Folge auch seine Kameraführung stark zu wünschen übrig. Der Fernseh-Profi lieferte teilweise Bilder wie der schlimmste Video-Amateur. Die Schwerelosigkeit ist nix für »grüne Jungs«, dachte ich. Und im nächsten Moment bemerkte ich schon, daß auch ich einer wäre, falls ich überhaupt an die Reihe käme.

Euphorie, Respekt oder Todesangst

Am 17. Mai durften wir erstmals nach Baikonur mitreisen, um einen Start an Ort und Stelle zu verfolgen. Es war nicht irgendein Start: Wieder war ein ausländischer Kollege an Bord, diesmal war es eine Frau. Die Engländerin Helen Sharman hatte gegenüber ihrem Mitbewerber den Vorzug erhalten. Gemeinsam mit Anatoli Arzebarski und Sergeij Krikaliov flog sie zur Raumstation MIR.

Und wir waren bereits die nächsten! Wenigstens einer von uns. Und aus diesem Grund mußten wir die gesamte Prozedur einmal aus nächster Nähe miterlebt haben.

Zum erstenmal bemerkten wir dabei, daß man sich auch über unsere Zukunft bereits Gedanken machte: Die beiden Mannschaften durften nicht zusammen in einem Flugzeug sitzen, damit im Falle eines Absturzes zumindest noch eine davon übrig bliebe. Wir flogen also getrennt zum Startgelände. Diesen Umstand empfand ich als ziemlich amüsant. Bisher hatte sich kein Mensch darum geschert, daß Franz und ich gemeinsam mit einem Auto fuhren. Und der Straßenverkehr ist im Großraum Moskau wahrscheinlich rund hundertmal so gefährlich wie das Fliegen.

Am Flughafen erwarteten uns bereits zwei startklare Aeroflot-Maschinen. Die Crews durften sich nicht nur die Flugzeuge, sondern auch die Plätze aussuchen. Beide Maschinen waren nämlich völlig leer. Später erfuhren wir, daß eine ganze Schar sowjetischer Journalisten nicht mit nach Baikonur fliegen durfte, da man für sie keinen Platz in einem Flugzeug gefunden hatte.

Als ich nach etwa drei Stunden – man fliegt von Moskau nach Baikonur länger als von Moskau nach Wien – aus dem Flugzeug stieg, überkam mich die unverkennbare Urlaubsstimmung. Es hatte 27 Grad – ich schloß die Augen und dachte an Jamaika. Doch hier erwartete uns kein weißer Palmenstrand, keine Kokosnüsse, kein blaues Meer. Wir befanden uns mitten in der kahlen kasachischen Steppe.

Mit dem Auto wurden wir nach Leninsk gebracht. Eine gesperrte Stadt, die vor rund dreißig Jahren nur für die Durchführung von Raketenstarts aus dem Boden gestampft wurde.

Man fragte uns, ob wir gesund seien, und schon durften wir in den Wohnbereich der Kosmonauten vordringen. Dieser oberflächliche Gesundheitstest kam etwas überraschend. Denn wir durften ungehindert im Quarantäne-Areal der Kosmonauten herumspazieren, wo wir auch selbst untergebracht waren. Einziges Zugeständnis an die Hygiene: Wir mußten uns mit Alkohol die Hände waschen.

Wir hatten den Eindruck, als wären wir soeben in ein Sanatorium eingeliefert worden. Swimmingpool und Tennisplätze standen uns zur Verfügung, im Zentrum des Areals befindet sich ein kleiner Park, in dem jeder Kosmonaut nach seiner Landung einen kleinen Baum pflanzen darf. Sowjetische Weltraumfahrer-Tradition.

Bei unserem Rundgang durch das »Feriendorf« begegneten wir auch der Crew, auf die es am nächsten Tag ankam: Sie mußte sich noch einer staatlichen Kommission und anschließend den Journalisten stellen. Keiner der beiden Kosmonauten wirkte nervös, und auch Helen machte den Eindruck völliger Gelassenheit. Ich bemerkte absolut kein Lampenfieber.

Nachdem man uns die Wohnungen gezeigt hatte, gingen wir zusammen mit der aktuellen Crew und allen Offiziellen zum Abendessen. Wir tranken auf das Wohl der Kosmonauten und auf den Erfolg der bevorstehenden Mission. Dieses eine Mal kam es zu keinem Exzeß. Offenbar war das Projekt selbst den sowjetischen Leistungstrinkern zu wichtig.

Helen und Tim, die beiden englischen Kosmonauten, erzählten uns von den Ereignissen der beiden letzten Wochen, die sie ja bereits hier in Leninsk verbracht hatten. Tim, der das »Finale« gegen Helen verloren hatte – so wie ich gegen Franz – war beim Abflug aus Moskau noch ein wenig unglücklich darüber gewesen, daß er diesmal nicht zum Zug kommen würde. Doch inzwischen hatte auch ihn die Spannung vor dem großen Ereignis gepackt. Auf meine Frage, ob das Training in den letzten Tagen hart gewesen sei, antwortete er mit typisch britischem Humor: »Welches Training?«

Es stellte sich heraus, daß die Crews hier in Baikonur tatsächlich eine Art Urlaub verbracht hatten. Nur bei Fragen oder Unklarheiten hatten sie Spezialisten zu Rate gezogen. Der einzige regelmäßige Programmpunkt des Tagesablaufs war die konkrete Vorbereitung auf die Schwerelosigkeit. Mit Drehstuhl und Pendelliege wurde den Kosmonauten intensiver als zuvor ein kleiner Vorgeschmack auf die Umlaufbahn gegeben. Wie untauglich dieses Mittel ist, um den tatsächlichen Zustand zu simulieren, beweist die Tatsache, daß auch der Japaner keinerlei Schwierigkeiten auf den Testgeräten gehabt hatte. Und dann überkam ihn unmittelbar nach dem Verlassen der Atmosphäre die Weltraumkrankheit.

Das Essen hier in Leninsk ist im Vergleich zu Moskau ausgezeichnet, und es gibt keine besondere Diät. Dieser Umstand trägt freilich auch entscheidend zur körperlichen und geistigen Regeneration vor dem Flug bei.

Das Leben in Leninsk läuft nicht nach Lokalzeit, sondern nach Moskauer Zeit ab. Auch an Bord der Raumstation sind die Uhren nach der Hauptstadt ausgerichtet. Hier in Kasachstan bedeutet das: Frühstück um 10 Uhr, Mittagessen um 15 Uhr und Nachtmahl um 21 Uhr. Gemeinsam mit Tim und Helen blieben wir dann noch bis 1 Uhr auf. Die arme Helen hatte noch zwei Einläufe bekommen, um nicht unmittelbar nach dem Start auf die Toilette gehen zu müssen.

Am nächsten Tag fuhren wir mit drei verschiedenen Bussen nach einem genau festgelegten Schema zum Startgelände. Die drei Auserwählten zwängten sich in ihre Raumanzüge. Nachdem diese auf ihre Dichtheit überprüft worden waren, mußten sich Anatoli, Sergeij und Helen noch einer letzten Pressekonferenz stellen. Offenbar ist es in der Sowjetunion noch immer ratsam, daß man »dichthalten« kann, wenn man mit Journalisten spricht...

Helen bekam nach dieser Pressekonferenz auch Gelegenheit, mit ihren Eltern zu sprechen. Danach wurde die Mannschaft zur Rakete gebracht. Wir wurden hingegen bei einem Beobachtungsposten abgesetzt, wo wir dann noch zwei Stunden auf den Start warten mußten. In dieser Zeit merkte ich, wie sich meine Nervosität von Minute zu Minute steigerte. Helen saß hingegen völlig ruhig in der Raumkapsel und arbeitete sehr aktiv und mit voller Konzentration bei den Startvorbereitungen mit.

Unermüdlich tickte die Uhr. Der Countdown lief. Fünf – vier – drei – zwei – eins – null ... Ein Erdbeben! Das mußte ein Erdbeben sein. Majestätisch erhob sich die Trägerrakete vom Boden. Ein monströses Ungetüm, dem man niemals zutrauen würde, daß es jemals die Erde verlassen könnte, steuerte mit ständig steigender Beschleunigung in Richtung Umlaufbahn. Erstmals wurde mir bewußt, welch gewaltige Kraft es erforderte, die Schwerkraft zu überwinden.

Es war stark bewölkt an diesem Tag, und so war der Feuerschweif der Sojus TM-12 schon nach dreißig Sekunden außer Sichtweite. Die zehn folgenden Minuten wurden zu einer Ewigkeit. Man sah nichts, doch man hörte die scheppernden Lautsprecher, die über den Zustand des Raumschiffes informierten. Wir alle hatten ja noch die erschütternden Bilder der Challenger-Katastrophe vor Augen. Helens Eltern saßen wie versteinert da. Nach zehn Minuten, nachdem sich das Raumschiff von der Trägerrakete getrennt hatte, lagen sie einander weinend in den Armen. Auch Tim, der kühle Brite, der so gerne selbst mitgeflogen wäre, hatte Tränen in den Augen.

Ich muß zugeben, daß auch meine Emotionen überkochten, wenngleich nur innerlich. Drei Kollegen ... drei Freunde, mit denen man noch vor kurzem gemeinsam trainiert hatte, befanden sich plötzlich im Weltraum und rasten mit einer Geschwindigkeit von 28.000 Stundenkilometern um die Erde.

Es war in vieler Hinsicht ein erhebender Augenblick, als der spannende Startvorgang endlich erfolgreich abgeschlossen war. Von nun an verfolgten wir die Geschehnisse an Bord Tag für Tag vor dem Fernsehschirm. Und unsere Aufregung war groß, als kurz vor dem Andocken an der Raumstation MIR ein Computer ausfiel. In diesem Moment hieß es rasch handeln an Bord der Sojus TM-12. Der Kommandant leitete das händische Manöver ein. Ein Bilderbuch-Manöver übrigens. Besser hätte es der Computer auch nicht gekonnt. Sowohl während dieses Vorgangs als auch während des gesamten Aufenthalts in der Raumstation MIR ging es Helen ganz ausgezeichnet. Der Rest der Woche verging wie im Flug, und ganz plötzlich war unsere englische Kollegin auch wieder zurück. Bereits acht Stunden nach der Landung saß Helen schon in meiner Wohnung und erzählte mir von ihren Eindrücken. So, als wäre sie soeben aus dem Urlaub zurückgekommen. Und ganz plötzlich bröckelte auch der Streß, die Strapazen und Entbehrungen der letzten zwei Jahre von ihr ab. Es kam mir vor, als hätte sie sich soeben aus einer Zwangsjacke befreit. »I am free!« – Diesen Satz hörte ich von ihr an diesem Abend nicht nur einmal.

Auch ihre Ängste mag Helen in diesem Moment abgelegt haben. Denn: Wer hat die nicht? Das Unglück der Challenger-Raumfähre ist doch allen noch in Erinnerung. Und ich kann versichern, daß auch im Sternenstädtchen kein Mensch gelacht hat, weil diese Katastrophe sozusagen bei der Konkurrenz passiert war. Unvergeßliche, tragische Bidler: Majestätisch steigt das Shuttle auf seinem mächtigen Tank in die Höhe. Dann die Explosion. Eine Schrecksekunde. Die Fernsehbilder fangen die Gesichter der Angehörigen ein. Ein euphorisches, stolzes Lächeln klebt noch an ihren versteinerten Gesichtern. Fassungslosigkeit, wohin man schaut. Was war das eigentlich? Eine Explosion, oder ... Nein, es gibt keinen Zweifel: Soeben sind hier sieben Menschen gestorben, denen seit Wochen das besondere Interesse der Öffentlichkeit gegolten hatte. Dann die bittere, die erschütternde Gewißheit, die nun auch die Verwandten und Freunde der Opfer begreifen können.

Ich gebe zu, daß der Gedanke, dieses grauenhafte Schicksal könnte auch einem von uns widerfahren, irritierend wirkt. Das Paradoxon ist, daß einem Trost und Beruhigung über noch viel größere Katastrophen beschert wird. Ich habe schon unzählige Bilder von schrecklichen Autounfällen gesehen, bei denen Menschen halbiert und geköpft wurden, bei denen Kinder starben und ganze Familien verbrannten. Und trotzdem sind wir noch immer recht flott und unbeschwert unterwegs.

Wir haben während unserer zweijährigen Ausbildung relativ viel Vertrauen in die sowjetische Raketentechnik gewonnen. Es gibt zwar keinen Zweifel daran, daß nicht immer alles auf dem modernsten Stand der Technik ist, doch das System hat sich immerhin schon seit dreißig Jahren bewährt.

Ganz abgesehen davon glaube ich, daß man während eines Fluges mit so vielen anderen Dingen und Handgriffen beschäftigt ist, daß man gar keine Zeit dafür hat, über die Gefahr des Projekts nachzudenken. Und der kleine Gedankenspielraum, der einem bleibt, ist mit Sicherheit nicht dazu bestimmt, Angst zu haben.

Im Unterbewußtsein fliegt sie freilich mit, die Angst. Und wenn es sich dabei auch nur um ein kaum wahrnehmbares, ungutes Gefühl in einem versteckten Winkel der Magengrube handelt. Es sind ganz verschiedene Phasen des Fluges, die den einzelnen Kosmonauten Sorgen bereiten. Mein »wunder Punkt« ist sozusagen jener Abschnitt, in dem ich in diesem winzigen Transportraumschiff um die Erde kreise. Wenn in dieser Phase ein Triebwerk ausfällt, dann gibt es kein Zurück mehr.

Bei sowjetischen Raumflügen sind bisher nur vier Menschen ums Leben gekommen. In den sechziger Jahren hatte ein Raumschiff beim Wiedereintritt in die Erdatmosphäre große Schwierigkeiten. In der Folge versagten die Bremsfallschirme. Der an Bord befindliche Kosmonaut kam bei der Landung ums Leben. 1971 forderte der Übermut über die rasche Entwicklung der Weltraumfahrt drei Todesopfer. Man war nämlich bereits fest davon überzeugt, daß das Tragen von Raumanzügen nicht mehr notwendig sei, da die Raumschiffe ohnehin bereits sicher genug wären. Doch als es dann zum Landevorgang kam, öffnete sich in einer Höhe von 100 Kilometern ein Ventil, durch das die gesamte Luft ausströmte. In der Bodenstation bekam man diesen Vorfall kaum mit. Die Fallschirme öffneten sich, elegant glitt die Kapsel zu Boden. Nur die Funkverbindung war aus irgendeinem Grund abgerissen. Man wagte nicht, das Schlimmste zu befürchten. Doch als man nach der Landung die Luke öffnete, fand man drei Leichen. Seither ist das Tragen eines luftdichten Raumanzuges wieder eine feste Verpflichtung für jeden Kosmonauten.

Wesentlich größer ist die Zahl der Todesopfer während der Vorbereitungsphase. Offiziell ist diese Zahl einstellig, doch mir sind Dunkelziffern von fünfzehn bis zwanzig Verunglückten zu Ohren gekommen. Die meisten kamen bei Flugzeugabstürzen oder beim Fallschirmspringen ums Leben. Doch mir wurde auch von einem Kosmonauten berichtet, der während des Trainings in der Unterdruckkammer verbrannte.

Das sowjetische Pendant zur Challenger-Katastrophe ist aber die Vorbereitung auf den ersten bemannten BURAN-Flug, dem russischen Space-Shuttle. Von den sieben speziell ausgebildeten Testpiloten ist jetzt, nach vielen Jahren harten Trainings, nur noch einer am Leben! Im Sternenstädtchen kursiert der höchst makabre Vergleich mit den »Zehn kleinen Negerlein«. Und ich kann mir gut vorstellen, wie sich der einzige Überlebende dieses Unternehmens fühlen muß. Jedenfalls wurden in unregelmäßigen Abständen immer wieder neue Testflieger eingestellt.

Vor etwas mehr als einem Jahr sorgte die Raumstation MIR für Schlagzeilen in der euorpäischen Presse: »Todesfalle im All« oder »Gefangene im Weltraum« war zu lesen. Auch von den »letzten Stunden für russischen Major Tom« wurde in Anlehnung an den David-Bowie-Song berichtet. Und als alles vorbei war, sprach man vom »Wunder in der Umlaufbahn« und von »sensationeller Rettung« – gerettet war meiner Meinung nach durch diese Schlagzeilen nur eine gute Story. Denn wie es zu diesen maßlosen Übertreibungen kommen konnte, ist mir gänzlich unbegreiflich.

Es hatte lediglich Probleme mit der Ausstiegsluke der Raumstation gegeben. Nach einem Weltraumspaziergang ließ sich die Luke, welche die Schleuse normalerweise luftdicht abschließt, nicht mehr zumachen. Da aber bei jedem Weltraum-Ausstieg aus Sicherheitsgründen zwei Schleusenvorrichtungen vorhanden sein müssen, wich man einfach auf das nächstfolgende, luftdichte Abteil der Raumstation aus. Der ursprüngliche Schleusenraum mit einer Länge von fünf Metern stand nun offen, was zweifellos unangenehm war. Doch in Wahrheit hatte diese Situation in keiner Phase eine Gefährdung des Lebens der Kosmonauten oder auch nur der Funktionstüchtigkeit der Raumstation dargestellt.

Das Problem hatten sich die Kosmonauten übrigens selbst zuzuschreiben: Sie waren schlicht und einfach ungeduldig, als sie knapp vor dem Ausstieg die Luft aus der Schleuse ließen. Durch die noch vorhandene Luft flog die Luke mit einem Schlag auf. Dadurch verbog sich die Haltevorrichtung, und die Tür konnte nicht mehr geschlossen werden. In der

Zwischenzeit wurde die Luke jedoch längst wieder repariert, und die Schleuse kann problemlos – wie früher – verwendet werden.

Sollten einmal größere Probleme auftreten, so gibt es auch noch speziell ausgebildete Rettungskosmonauten. Diese Spezialisten können ein Transportraumschiff mühelos alleine steuern. Sollte also das Transportraumschiff jener beiden Kosmonauten, die sich ständig in der Raumstation befinden, fluguntüchtig sein, dann können sie nach dem Andocken auf den beiden freien Plätzen des Rettungsraumschiffes Platz nehmen und völlig problemlos zur Erde zurückkehren.

Zurück in die Zukunft

Der Raumflug unserer Kollegen ist mir bis heute in eindrucksvoller Erinnerung geblieben. Doch nach diesem Urlaub in der kasachischen Steppe holte uns leider sehr bald wieder der Alltag ein. Es ging zurück ins Sternenstädtchen, zurück in unsere Zukunft. Und diese begann täglich um 6 Uhr 45. Wir mußten uns ganz konsequent an diese Weckzeit gewöhnen, da Punkt 7 Uhr im Ausbildungszentrum der Morgensport angesetzt war. Kann sein, daß mich einige Kollegen um meine Frühaufsteher-Qualitäten beneideten. Doch ich hatte tatsächlich kaum Probleme mit dieser Uhrzeit. Als Anästhesist im Krankenhaus war ich es gewohnt, sehr früh mit der Arbeit zu beginnen, da die meisten Operationen in den Morgenstunden auf dem Programm standen. Ich stand also früh auf, um andere in den Tiefschlaf zu befördern.

Liegestütze im Tiefschnee sind sicher kein besonderer Freizeitspaß, doch auch im Sommer hatte der Morgensport einen gewaltigen Nachteil: Um 8 Uhr folgte die kalte Dusche. In Moskau und Umgebung wird in den Sommermonaten Juli und August nämlich das warme Wasser abgedreht. Alle Leitungen müssen gereinigt und für den Winter vorbereitet werden, heißt es. Kann aber auch sein, daß es sich um Energiesparmaßnahmen handelt.

Solche zentralistischen Maßnahmen muß man eben in Kauf nehmen. Bei der Heizung ist das nicht anders. Man kann die Heizung in einer Wohnung nicht auf oder ab, nicht klein oder groß drehen. Wenn es kalt ist, dann wird geheizt, wenn es warm ist, wird nicht geheizt. Das klingt vernünftig, ist es aber nicht. Denn die Heizungszentrale richtet sich dabei nicht nach dem Thermometer, sondern nach dem Kalender. Im Februar hat es kalt zu sein, und damit basta. Es wird also geheizt, auch wenn es 15 Grad plus hat. Im März wird die Temperatur hingegen gedrosselt. Selbst wenn es draußen 15 Grad minus haben sollte. Ohne einen kleinen zusätzlichen Heizstrahler kommt man also praktisch nicht aus in diesem Land.

Egal, ob ich nun warm oder kalt geduscht habe, ging ich meistens nach Hause, um zu frühstücken. Natürlich könnte ich auch schon zum Frühstück – wie einst Juri Gagarin – in die Kosmonauten-Kantine gehen. Doch dort gibt es keine Erdnußbutter. Und ohne Erdnußbutter kann ich nicht sein, ich verstehe überhaupt nicht, wie man ohne Erdnußbutter leben kann.

Betrachtet man das Leben von diesem Gesichtspunkt aus, so ist es wirklich verwunderlich, daß aus mir ein russischer Kosmonaut und nicht ein amerikanischer Astronaut geworden ist. Außerdem ziehe ich es vor, meinen eigenen österreichischen Kaffee zu trinken. Und diesen können – das werden mir die unzähligen »Kaffeefeinschmecker« in meiner Heimatstadt Wien bestätigen – weder die Amerikaner, noch die Russen, noch irgend jemand anders mit gleichem Aroma brauen. Trotz meiner Vorliebe für »peanut butter« habe ich mir dieses Stückchen österreichischer Lebensqualität kompromißlos bewahrt.

Um 9 Uhr beginnt die erste Unterrichtseinheit von zwei Stunden. Franz und ich gingen immer erst ziemlich knapp vor diesem Termin aus dem Haus, denn wir waren »mit'm Radl do«. Richtige Fahrräder, mit denen man – im Gegensatz zum Ergometer – auch von der Stelle kam. Sofern man nicht von irgend jemandem aufgehalten wurde, der das Rad bewundern wollte.

Das kam jedoch vor, denn Mountain-Bikes mit 18 Gängen, mit Gepäckträgern, Lichtanlage und Rückstrahlern hat hier natürlich noch nie jemand gesehen. Auch nicht mein russischer Trainer, der selbst oft mit dem Fahrrad kam.

»Weißt du den Unterschied zwischen einem russischen und einem österreichischen Fahrrad?« fragte er mich eines Tages, nachdem er meines eine Weile genau untersucht hatte.

»Nein«, sagte ich, da ich ja die Pointe des Witzes erwartete. Die Pointe kam auch – wenn auch wortlos. Er nahm mein Fahrrad in die linke, seines in die rechte Hand, stemmte beide in Kopfhöhe und ließ sie zu Boden fallen. Während meines nicht einmal einen kleinen Kratzer davontrug, hatte sich seines in drei Teile aufgelöst. »Siehst du«, sagte er, »das ist der Unterschied!« Seiner Demonstration ließ er lautes, fast brüllendes Gelächter folgen. Dann setzte er sich wortlos auf den Boden und begann, sein Fahrrad wieder zusammenzuschrauben.

Fünf Minuten vor neun schwangen wir uns also regelmäßig auf unsere bruchsicheren Drahtesel, um zum Sperrkomplex zu fahren. Dort befinden sich die verschiedenen Trainingseinheiten. Am Anfang mußten wir noch sehr oft beim Wachposten stehenbleiben, um unsere Spezialausweise vorzuzeigen. Vielleicht hat uns der eine oder andere auch nur aufgehalten, um unsere Fahrräder in Ruhe aus der Nähe betrachten zu können. Doch je näher der Flug kam, desto uninteressanter wurden wir für die Wachen. Und schließlich waren die beiden verrückten österreichischen Radfahrer fast die einzigen im Sternenstädtchen, die am Tor zum Ausbildungszentrum nicht einmal stehenbleiben mußten.

Vom Tor bis zur jeweiligen Ausbildungseinheit traf man dann meistens eine ganze Reihe von Bekannten. Für diese Weg mußte man also gut drei Minuten einplanen, denn nun begann eine geradezu groteske Prozedur: das tägliche Händeschütteln. In Rußland ist es üblich, jedem Menschen, dem man irgendwo begegnet, sofort überfallsartig die Hand zu schütteln. Geht man nun also auf der einen Straßenseite und begegnet einem ein Bekannter auf der anderen, so ist es fast Pflicht, sich todesmutig über die Straße zu stürzen, um dem anderen die Hand zu schütteln. Zumindest aber muß man stehenbleiben, damit der andere wie ein Raubvogel zu einem herüberkommen kann. Es ist ratsam, sich eine Hand freizuhalten. Denn wird man einmal erwischt, wenn man zum Beispiel zwei Teetassen in der Hand hat, dann muß man diese sofort niederstellen, fallenlassen oder aufessen, denn das Händeschütteln geht vor.

Man hat uns zwar erklärt, daß man nur dann jemandem die Hand schüttelt, wenn man ihn an diesem Tag zum ersten Mal sieht, doch das stimmt in der Praxis nicht: Der Vorgang wiederholt sich oft bis zur totalen Erschöpfung. Abgesehen davon, daß er vom zweiten bis zum 164. Mal von den Worten »noch einmal« begleitet wird.

Frauen sind von diesem Schüttelbrauch – wie von den

meisten gesellschaftlichen Vorgängen in der Sowjetunion –
ausgeschlossen. Als wohlerzogener Wiener gab ich bei diversen Einladungen oft der Frau des Hauses zuerst die Hand
und erntete dafür meist schiefe Blicke. Doch aus Höflichkeit
ließ ich mich nie von dieser Gewohnheit abbringen. Das
streng patriarchalische System dieser Gesellschaft war mir
von Beginn an ein Dorn im Auge. Ich sah nicht ein, warum
ich die Gleichberechtigung von Mann und Frau, die in meiner Heimat doch zumindest schon ein akzeptables Niveau
auf der Zivilisations-Skala erreicht hat, einfach wieder ab-
lehnen sollte, nur weil das hier so üblich war.

Hatte man sich also bis zum Klassenzimmer durchgeschüttelt, so begann auch schon der Unterricht. Um 11 Uhr
gab es eine Teepause. Für diese hat uns die Firma Hornig
eine österreichische Kaffeemaschine zur Verfügung gestellt,
die auch bei den sowjetischen Kollegen großen Anklang
fand. Allerdings fürchte ich, daß es nach unserer Abreise in
der Kosmonauten-Bar zu Versorgungsengpässen kommen
könnte. Doch mehr als Tee oder Kaffee munterte einen ohnehin die Fortsetzung der Händeschüttel-Prozedur auf. Allerdings brachten diese lockeren Gesprächsrunden zwischen
zwei Vorlesungen auch Vorteile mit sich. Wir hatten in diesen
kurzen Pausen oft reichlich Gelegenheit, uns mit verschiedenen Kosmonauten zu unterhalten. Manchmal waren diese
Gespräche lehrreicher als der ganze Unterricht rundherum.

Um 13 Uhr, nach dem Ende der nächsten beiden Unter-
richtsstunden, setzten sich alle gemeinsam zum Mittagessen.
Den ausländischen Kosmonauten wurde ein abgetrennter
Raum zugewiesen. Danach betrat eine echte russische
»Babuschka« den Raum und teilte mit, welche Gerichte heu-
te zur Auswahl stehen. Meistens waren es drei oder vier pro
Tag. Insgesamt gab es vielleicht 15 Gerichte, die sich in
mehr oder weniger regelmäßigen Intervallen wiederholten.

Die Basis der meisten Mahlzeiten war faschiertes Fleisch.
Das Öl, das zur Zubereitung der Speisen verwendet wurde,
war meistens von minderer Qualität, und man stand mit einem unbehaglichen Völlegefühl im Magen vom Tisch auf.

Einmal, als ich wieder einmal nicht aufgegessen hatte, trat
der hiesige Internist auf mich zu und sagte mit finsterer Mie-
ne: »Du mußt dreimal täglich Fleisch essen! Sonst be-
kommst du niemals die Kraft, die ein Kosmonaut braucht.«

Was für ein haarsträubender Blödsinn, dachte ich. Doch ich behielt meine Weisheit für mich. Denn was hätte der Arzt tun sollen? Er mußte den Leuten ja sagen, daß das, was sie vorgesetzt bekamen, gut für sie war. Etwas anderes war ohnehin nur in den seltensten Fällen zu bekommen.

Von 14 bis 16 und von 16 bis 18 Uhr standen die nächsten beiden Unterrichtseinheiten auf dem Programm. In den letzten beiden Stunden wurde meist Sport betrieben. Ein Highlight des Tages stellte die Sauna dar. Auf diesem Gebiet haben die Russen nämlich wiederum einen kulturellen Vorsprung uns gegenüber: Statt sich nach Aufgüssen mit irgendwelchen Säften bis hin zum Slibowitz rösten zu lassen, hat man hier tatsächlich das Gefühl, etwas Gutes für den Körper zu tun. Auch wenn es nicht so klingen mag: Mit Birkenzweigen, die man schon vorher zusammenbindet, peitscht man sich gegenseitig oder selbst aus. Das sorgt für eine angenehme Belebung des Kreislaufs. Auch die fast täglichen Massagen trugen zum körperlichen Wohlbefinden bei.

Danach gab es Abendessen. Dieses unterschied sich im wesentlichen nur in einem Punkt vom Mittagessen: Es gab keine Suppe.

Der offizielle Teil der täglichen Arbeit war hiermit beendet. Ich hielt es dann immer so, daß ich meine Hausübungen machte, sobald ich heimkam oder mich speziell auf irgendeine Prüfung vorbereitete. Feierabend machte ich regelmäßig um 21 Uhr. Dann ließ ich mich in einen meiner geschmacklosen Fauteuils fallen und drehte den Fernseher auf. Um diese Zeit begannen nämlich die Nachrichten, die zwei Vorteile hatten: Erstens wird hier natürlich ein sehr gut verständliches Russisch gesprochen, und zweitens war ich schon immer an den politischen Vorgängen meiner temporären Wahlheimat interessiert.

Für die eigentliche Freizeit blieb somit nur das Wochenende. Unsere Hauptbeschäftigung war Tennis. Die Plätze sind in gutem Zustand und zu gewissen Stunden immer für Kosmonauten reserviert. Doch abgesehen von den wirklich guten Möglichkeiten, Sport zu betreiben, hielt sich das Freizeitangebot freilich in Grenzen. Besonders im Winter. Gelegentlich fuhren wir nach Moskau, um einzukaufen oder auf die österreichische Botschaft zu fahren, die sich während unseres gesamten Aufenthalts als überaus hilfreiche und wertvolle Institution erwiesen hat. Durch diesen Kontakt lernten wir in relativ kurzer Zeit fast alle Österreicher kennen, die in Moskau arbeiteten. Rudi Langgruber, der Sekretär des Militärattachees, stellte uns alle hier ansässigen Diplomaten vor und versorgte uns mit vielen unschätzbaren Geheimtips.

Gegenüber des Kremls baut eine österreichische Firma ein Luxushotel. Auch die Bekanntschaft mit den Mitarbeitern dieses Unternehmens war nicht mit Gold aufzuwägen: Ein richtiges Spanferkel mit österreichischem Faßbier – und das mitten in Moskau! Nein, das mußte ein dekadenter Traum sein. War es aber nicht.

Ebenso ist es kein Traum, daß es einem hier passieren konnte, ohne auch nur einen Schluck getrunken zu haben, Strafe zahlen zu müssen. Die Milizionäre machen sich nämlich einen Sport daraus, ausländische Autos aufzuhalten und ohne jeglichen Test festzustellen, daß der Fahrer etwas getrunken hat. Da der Polizist immer auf seinem Urteil besteht, verlangt er nun, daß man zu einem Alkotest in eine weit entfernte Milizstation am anderen Ende von Moskau mitkommen soll. Dort müßte man dann mehrere Stunden auf einen Arzt warten, um sich dann, mit einer verdreckten Spritze, Blut abnehmen zu lassen. Da der nüchterne Fahrer angesichts dieses reizvollen Angebots meist zur Salzsäule erstarrt, macht der Milizionär ein reizvolles Angebot: »Zehn Dollar, und wir reden nicht mehr darüber.« Das ist für einen Sowjetbürger viel Geld, wenn er es in Rubel umwechseln läßt. Mehr als ein Monatslohn, würde ich meinen. Und ich kann mir vorstellen, welch reizvollen Nebenjob sich einige Milizionäre da aufgebaut haben.

Bei mir und Franz bissen diese Miliz-Figuren jedoch auf Granit: Erstens hielten wir uns genau an die 0,0-Promill-Grenze, zweitens verstanden und sprachen wir nach einer gewissen Zeit auch gut Russisch. »Njet« heißt nein, wie man weiß. Und wenn man dieses »njet« dann auch noch mit der entsprechenden Anmerkung untermauert, daß man Kosmonaut sei, so salutiert der gute Mann in der Regel und zieht sich auf seinen schrägen Posten zurück. Meist ist er dann wahrscheinlich auch noch froh, wenn man nichts gegen ihn unternimmt. Wie gesagt: Als Kosmonaut genießt man gewisse Privilegien...

Leistungskurve ständig steigend

Eine weitere traumhafte Oase ist die Crew-Lounge der Austrian Airlines im Kosmos-Hotel. Eine Freundin von mir, die bei der AUA Stewardeß ist, hat den Kontakt zu den »friendly people« aus good old Austria hergestellt. Bei den Langstreckenflügen nach Tokio und zurück findet in Moskau oft der Crew-Wechsel statt. Man kann sagen, daß wir uns schon nach kürzester Zeit so fühlten, als würden wir selbst zur jeweiligen Crew zählen. Mehr noch: Es entstand ein freundschaftliches, herzliches Verhältnis. Und außerdem war die Verbindung zur AUA sozusagen unsere »Luftbrücke« mit der Heimat, denn wir wurden mit Lebensmitteln, Zeitungen und sonstigen Produkten aus Österreich versorgt, ja regelrecht verwöhnt.

Gelegentliche Führungen durch das Sternenstädtchen waren das einzige, was wir als Gegenleistung anbieten konnten. Doch für Leute, die ständig in einer noch vorstellbaren »Umlaufbahn« unterwegs sind, hat die Raumfahrt mit Sicherheit auch gewisse Reize.

Abgesehen von den angenehmen gesellschaftlichen Ereignissen, die sich aus unserer Freundschaft »Airliners« ergab, war Tennis die einzig regelmäßige Freizeitbeschäftigung. Manche unserer Kollegen mögen unsere diesbezüglichen Ambitionen als glatten Masochismus empfunden haben. Denn auch das Training im Rahmen der Ausbildung verlangte dem Körper einiges ab. Und mit sportlichem Vergnügen hat das nur dann etwas zu tun, wenn man fit genug ist, relativ locker mitzuhalten.

Gleich zu Beginn unseres Aufenthalts wurde uns ein eigener Trainer zugeteilt. Er war kein gewöhnlicher Mann. Zwar war er wie viele Sportlehrer in der Sowjetunion Absolvent einer Hochschule für Körperkultur, doch nebenbei war er sogar als Artist im Zirkus aufgetreten.

Am Anfang zählten für ihn nur Zahlen: »Wie schnell

kannst du laufen? Wie gut kannst du schwimmen? Wie viele Klimmzüge bringst du zusammen? Nach wie vielen Liegestütz brichst du zusammen?« All das wollte er wissen – doch er begnügte sich nicht mit unseren Antworten, die wir in den meisten Fällen nicht einmal verläßlich geben konnten. »Will sehen«, sagte er dann, und schon ging es los: bis zur maximalen Leistung in jedem einzelnen Gegenstand. Weder Franz noch ich waren schlecht in Form. Er als Wasserballspieler, ich als Skilehrer. Doch durch das »dolce vita« in den letzten Tagen vor unserer Übersiedlung, als wir nicht nur von einem Experiment zum anderen durch Österreich reisten, sondern auch von einem Luxus-Restaurant zum nächsten, hatten wir beide doch ein kleines bißchen zugelegt. Nun mußten wir dafür büßen.

Das begann schon in der Früh beim Waldlauf – drei Männer im Schnee. Das Gute daran war, daß unser Trainer jede Übung mitmachte. Und zwar aus eigenem Antrieb. Er war keineswegs dazu verpflichtet. So etwas motiviert natürlich. Nicht nur einmal wäre ich im Winter wesentlich lieber in meinem warmen Bett liegengeblieben. Doch ich bin sehr froh, daß ich mich immer wieder überwinden konnte. Diese Überwindung war auch in der weiteren Folge unserer Ausbildung von ganz besonderer Bedeutung. Und ich bin sicher, daß sie auch zur Persönlichkeitsbildung etwas beigetragen hat.

Ganz abgesehen davon waren wir mit unseren Standardleistungen nur in ganz wenigen Gegenständen unter dem erforderlichen Limit geblieben.

Man muß in jeder Disziplin einen ganz bestimmten Wert erreichen, um sozusagen flugtauglich zu sein. Es ist jedoch nicht besonders wichtig, besonders schnell laufen zu können – im Weltraum ist ja schließlich niemand hinter mir her. Doch anhand der vielen verschiedenen Bereiche ist es dem Trainer möglich, den Allgemeinzustand eines Kosmonauten festzustellen. Manchmal fragte ich mich freilich, wie einige unserer sowjetischen Kollegen dieses Limit jemals erreicht haben.

Ich jedenfalls nahm innerhalb von nur drei Monaten acht Kilogramm ab. Und statt vier lächerliche Klimmzüge schaffe ich fünfzehn. Unser Trainer führte ganz genau Leistungskurven. Und diese waren in allen Bereichen ständig steigend. Nach etwa neun Monaten pendelten sich unsere Werte auf einem sehr hohen Niveau ein. Bis zum Schluß hielten wir dann diesen Standard, der in allen Fächern überdurchschnittlich war.

Doch was uns noch viel mehr freute, war die Tatsache, daß wir auch in sportlichen Wettkämpfen immer am Ball waren. Ich lieferte mir mit der Nummer 1 der hiesigen Tennis-Rangliste heiße Duelle. Und Franz machte sich als »Goleador« beim Fußballspielen einen Namen. Als Tennis-Doppel waren wir ohnehin unschlagbar. Besonders anregend waren die Länderspiele gegen die beiden französischen Kosmonauten. Wir spielten immer um eine Flasche Sekt. Nicht ohne Hintergedanken, denn die Franzosen, die übrigens immer verloren, kennen keinen gewöhnlichen Sekt. Und so hatten wir bald eine Sammlung erlesensten Champagners in unseren Eiskästen. Was allerdings wiederum den Nachteil hatte, daß man aus diesem Grund weniger Lebensmittel horten konnte.

Mit Langlaufen verbesserten wir unsere Kondition im Winter, mit Waldläufen im Sommer. Gelegentlich standen sogar Zehn-Kilometer-Läufe auf dem Programm. Zur Verbesserung der Körperkontrolle lernten wir Trampolinspringen. Und zwar auf dem Bodentrampolin – nicht auf dem Sprungbrett am Schwimmbecken. Auch das erlernten wir mit der Zeit. Saltos in jede x-beliebige Richtung stellten keine Probleme mehr dar. Die Übungen im Röhnrad dienten der Verbesserung des Gleichgewichtsinnes. In einem sehr schönen 25-Meter-Becken, das nur den Kosmonauten zur Verfügung steht, schwammen wir täglich 500 bis 1.000 Meter. Und kaum hatten wir unser Pensum abgespult, ging es in die Sauna. Wahrlich, eine Belohnung! Auch wenn man dabei nicht nur massiert, sondern auch ausgepeitscht wurde. Unser Trainer hat uns durch diesen angenehmen Trainingsabschluß sehr viele Muskelkater und Verspannungen erspart.

»Du kannst ein Genie sein, aber wenn du schon beim Stiegensteigen zu schnaufen beginnst, wirst du nie in den Weltraum fliegen.« So begründete unser Trainer die harte körperliche Ausbildung. Und auch die vielen medizinischen Kontrollen, die oft unterträglich langwierigen Untersuchungen begründete er mit ähnlichen Argumenten: »Mit schlechten Zähnen kannst du Weltmeister und Olympiasieger werden. Wenn du eine Brille trägst, kannst du trotzdem der berühmteste Wissenschaftler der Welt und ein neuer Einstein sein. Doch in keinem der beiden Fälle wird jemals ein Kosmonaut aus dir werden.«

Optimale körperliche Verfassung und absolute Gesundheit sind Grundvoraussetzung für diesen Job. Viele Menschen, die im normalen Leben nicht die geringsten gesundheitlichen Probleme haben, die sich wohlfühlen, die Sport betreiben und es am liebsten mit jedem Spitzensportler aufnehmen würden – und vielleicht auch könnten –, sind trotzdem für den Beruf des Kosmonauten ungeeignet.

Der Grund dafür ist denkbar leicht erklärt: Im »normalen Leben«, von dem zuerst die Rede war, kommt man weder mit der Schwerelosigkeit, noch mit raschen Luftdruckveränderungen oder mit extremer g-Belastung in Berührung. Nun heißt das nicht, daß ein halbwegs gesunder Mensch durch diese »außerirdischen« Zustände sofort zu Grunde gehen würde. Doch das Risiko, das diese Extremsituationen nun einmal beinhalten, ist nur dann kalkulierbar, wenn der Mensch hunderprozentig den geforderten Normen entspricht.

Brillenträger, Menschen, die Probleme mit den Nebenhöhlen oder den Zähnen haben, brauchen ihre Gedanken und Illusionen nicht daran zu verschwenden, einmal in den Weltraum zu fliegen. Sie sind von vornherein disqualifiziert. Brutale Kriterien, die aber nicht zu ändern sind. Erinnern wir uns an die 94,5 Zentimeter vom Scheitel bis zum Steißbein ... oder sagen wir: ungefähr 95 Zentimeter – in meinem Fall... Wer darüber war, der war aus dem Rennen. Eine Auswahl, die das Leben trifft.

Meine Zähne haben zum Beispiel keine einzige Plombe. Trotz guter Pflege ist das ein Glücksfall. Als Arzt wußte ich von Anfang an, daß diese Tatsache hilfreich sein würde. Doch alle anderen Untersuchungen waren auch für mich ein Roulette-Spiel, bei dem die Kugel nach endlosem Kreisen schließlich auf »zero« zu liegen kam.

Dem Götz-Zitat sehr nahe

Ist es überheblich, wenn ich erzähle, daß ich auf meine körperliche Verfassung ein bißchen stolz bin? Ich glaube, Leistungssportler sind es auch. Als ich jedenfalls eines abends nach einem besonders harten Trainingstag ausnahmsweise allein in der Sauna saß, dachte ich darüber nach, wie ich mich in meinem »alten Beruf« körperlich wohl entwickelt hätte.

Ich verfüge zwar über ein gewisses Maß an Selbstdisziplin, doch in mancher Hinsicht bin ich ja doch ein bißchen ein »verwöhnter Wiener«. Sport habe ich immer mit Lust und Leidenschaft betrieben. Doch was wäre gewesen, wenn der Beruf in absehbarer Zeit von mir Besitz ergriffen hätte? Wenn ich nicht mehr so sehr auf meine körperliche Fitneß geachtet hätte, weil ich ganz einfach keine Zeit dafür geopfert hätte?

Eine Zukunftsvision, die mich in meiner Entscheidung, für das Raumfahrtsprojekt eine Bewerbung abzugeben, nachträglich noch einmal bestärkte. Und ich erinnerte mich an den denkwürdigen, anfangs völlig unbedeutenden Entschluß, der mich schließlich hierher in eben diese Sauna mitten im Sternenstädtchen bei Moskau geführt hatte.

Meine Bewerbung hatte ich einem dieser schier endlos scheinenden Nachtdienste zu verdanken. Ich arbeitete zu dieser Zeit in der Wiener Rudolfstiftung. Da es auf der Station war, las ich die Zeitung und stieß auf einen Artikel, der das Projekt AUSTROMIR beleuchtete. Und weil es mir lustiger erschien, den Weltraum zu durchkreuzen als hier im Spital zu sitzen, ließ ich mir einige Tage später die Anmeldeformulare schicken.

Wirklich ernstgenommen habe ich diese Idee freilich anfangs nicht. Und zwar eigentlich bis zu jenem Zeitpunkt, da nach der Finalsitzung der Kommission im Sternenstädtchen unsere beiden Namen verlesen wurden. Beworben hab' ich mich in erster Linie, um mich selbst zu testen. Wie sportlich bin ich? Wie intelligent? – Fragen, die einem durch die Kriterien des täglichen Lebens nicht immer erschöpfend beantwortet werden. Und das Projekt »Prüfe dich selbst« begann... mit dem Beginn. Aus dem Kofferradio krächzte Julio Iglesias einen dieser einschläfernden Oldies: »When you begin, with the begin...« oder so ähnlich. Es war eben eine dieser oft ziemlich eintönigen Nachtschichten, während denen ganz Wien – einschließlich der Patienten – zu schlafen schien. Doch ich sorgte für »action« und quälte meine Kollegen, sie mögen doch Röntgenbilder von meiner Wirbelsäule anfertigen oder meine Nieren im Ultraschall untersuchen. Schließlich wollte man in diesem Fragebogen einiges über mich wissen, was ich auch als Arzt nicht so ohne weiters aus dem Stegreif beantworten konnte.

Doch Arzt hin, Arzt her – ich erlebte im Rahmen der Untersuchungen einige unliebsame Überraschungen. Es war mir klar, daß die meisten Kandidaten vor der Gastroskopie den größten Respekt haben würden. Da ich jedoch selbst eine Zeitlang auf einer endoskopischen Abteilung gearbeitet und meinen Patienten das Endoskop meistens mit einer gewissen Lässigkeit in den Mund gesteckt hatte, war ich eigentlich recht positiv auf diese Magenspiegelung eingestellt. Sie dient der Erfassung von Geschwüren oder Entzündungen in diesem Bereich. Als ich dann aber schon während der Vorbereitungen auf diese Untersuchung, bei der zur Betäubung ein Anästhetikum in den Hals gesprüht wurde, gleich dreimal erbrechen mußte, empfand ich höchste Bewunderung für meine ehemaligen Patienten. Das Einführen des Schlauches selbst war dann gar nicht mehr so schlimm, obwohl der Kollege einmal die Luft- statt der Speiseröhre erwischte. Wahrscheinlich eine handgreifliche Anspielung auf meine Ausbildung als Narkosearzt...

Eine andere Untersuchung – allerdings am anderen Ende des Verdauungstraktes – ist die Rektoskopie. Eventuell vorhandene Polypen können die Verdauung im Zustand der Schwerelosigkeit stark beeinflussen. Im Prinzip ist diese Darmspiegelung jedoch keine besonders unangenehme Angelegenheit, wenn man von der Untersuchungsposition absieht. Diese ist für alle Beteiligten eher demütigend und kommt der Erfüllung des Götzzitates schon sehr nahe.

Ähnliches trifft auf die Untersuchung der Prostata mittels Ultraschall zu. Man stelle sich einen Mann in einem Gynäkologensessel vor. Doch auch diese Untersuchung ist notwendig, denn kleine Kristallablagerungen in dieser Drüse, die man selbst wohl ein Leben lang kaum bemerken würde, können in der Schwerelosigkeit zu großen Problemen führen.

Zum ersten Mal machte ich auch die Erfahrung, daß selbst der Augenarzt zu den »Folterknechten« der Medizin zählen kann: Durch das Auflegen eines Kontaktglases wurde unser Augenhintergrund besonders genau untersucht. Noch Stunden später sahen wir aus wie rotäugige Albino-Kaninchen aus dem Tierversuchslabor.

Einen besonderen Höhepunkt der medizinischen Untersuchungen stellte der Versuch dar, 53 Stunden lang wach zu bleiben. Da sich nach einer so langen Zeit ohne Schlaf die Neigung zu epileptischen Anfällen recht gut zeigen kann, durften wir zwei Tage lang kein Auge zudrücken und wurden anschließend neurologisch untersucht. Besonders junge Ärzte wurden dazu abgestellt, diesen »Psychokrieg« gegen uns zu führen. Sie wurden allerdings nach jeweils zwölf Stunden abgelöst. Mir passierte dabei etwas Unglaubliches: Zwei Tage lang hatte ich mich auf ein Bett gefreut. Und als ich dann endlich drinnenlag, konnte ich nicht einschlafen...

Wozu die Kosmonautenkandidaten allerdings ein Spermiogramm abliefern mußten, ist mir bis zum heutigen Tag ein Rätsel geblieben. Auch das peinliche Ambiente dieser Situation wird mir ewig in Erinnerung bleiben. Unter den aufmunternden Zurufen der anderen mußte jeder einzelne von uns in einem kleinen Nebenzimmer das »Untersuchungsmaterial bereitstellen«, wie es so schön heißt.

Alle möglichen Untersuchungen wurden im Rahmen der laufenden Kontrolle dann später auch im Sternenstädtchen durchgeführt. Diese allerdings nicht.

Das Markante in der Sowjetunion war wiederum, daß die Ärzte nach jedem Test wie die Geier über einen herfielen. Egal, ob man soeben wie eine von der Dampfwalze überrollte Katze aus der Zentrifuge kletterte oder ob man sich soeben mit graugrüner Gesichtsfarbe vom Drehstuhl erhoben hatte – es waren immer sechs Ärzte zur Stelle, um ihre Unterschrift unter den Untersuchungsbericht zu setzen. Ich werde den Eindruck nicht los, daß diese scheinbar von übertriebenem Diensteifer getragene Untersuchungsmethode nur ein einziges Motiv haben könnte: Nämlich, daß keiner der Ärzte allein die Verantwortung übernehmen will, falls einmal ein falscher Entschluß gefaßt werden sollte. Immerhin stehen dann ja sechs Unterschriften unter dem Bericht. Ich bin sogar davon überzeugt, daß dieses System in der Sowjetunion sich nicht nur im medizinischen Bereich großer Beliebtheit erfreut. Doch dort ist es halt besonders auffällig.

Über die Betreuung im Sternenstädtchen konnte man sich wirklich nicht beklagen. Sie war im Vergleich zur übrigen Sowjetunion ausgezeichnet. Trotzdem gab es zeitweise Probleme mit der medizinischen Versorgung. Die allgemeine Medikamentenknappheit in der UdSSR wirkte sich am Rande also auch auf das Kosmonautenausbildungszentrum in Zvozdnij Gorodok aus. Und es kam nicht nur einmal vor, daß mich Kollegen baten, Aspirin, Vitamintabletten oder andere einfachste Medikamente aus Österreich mitzubringen. Einer meiner Bekannten wollte sogar den Pelzmantel seiner Mutter verkaufen, um wichtige amerikanische Tabletten zu bekommen.

Ich selbst wurde eines Tages von einer simplen Darmgrippe heimgesucht. Ohne lange zu überlegen, hängte man mich an Infusionen und verpaßte mir einen gewaltigen Antibiotika-Hammer. Ursprünglich hatte ich als Arzt vorgehabt, mich selbst mit Tee und Zwieback von dieser unangenehmen Geschichte zu befreien. Das wäre mit Sicherheit auch zielführend gewesen, denn von diesem Antibiotikum bekam ich nämlich starke Magenschmerzen und mußte noch andere Tabletten schlucken, die diese Nebenwirkung aufhoben. Als es mir in der Folge von Tag zu Tag schlechter ging, beschloß ich im stillen, sämtliche Medikamente einfach abzusetzen. Bis zum heutigen Tag wissen meine Ärzte nichts von jener eigenmächtigen Handlung. Sie freuten sich nur, daß die Medikamente plötzlich doch so gut wirkten, denn schon am Tag nach meinem Entschluß war ich mit einem Schlag vollkommen gesund.

Die medizinischen Auflagen sind mitunter ziemlich streng. Umso mehr war ich erstaunt, daß im Weltraum gelegentlich sogar geraucht wird. Ein Kollege, dessen Namen ich aus verständlichen Gründen nicht nennen kann, erzählte mir, daß er sich hie und da über dem Pazifik ein Zigaretterl anzünde-te. Der Pazifik heißt nämlich nicht umsonst »Stiller Ozean«: In vielen Gebieten gibt es nämlich keinen Funk- oder Tele-metriekontakt zur Bodenstation. Allerdings bezweifle ich, daß der Aufwand dafürsteht: Zuvor muß man nämlich erst sämtliche Rauchmelder in der Raumstation abschalten.

Die Tatsache, daß gelegentlich sogar Alkohol getrunken wird, überraschte mich schon weniger. Man könnte MIR sonst wohl kaum als sowjetische Raumstation bezeichnen. Auch die Art und Weise, wie ich davon erfuhr, war typisch russisch: Ein Arzt fragte mich, ob ich eine verschließbare Plastikflasche besitze. »Wofür?« fragte ich. »Ich möchte den beiden, die jetzt doch schon so lange in der Raumstation sind, gerne etwas schicken«, antwortete er. »Was denn?« fragte ich naiv. Er grinste verwegen. Als ich immer noch nicht verstand, da ich in diesem Moment offenbar auf der Leitung stand, lachte er laut los. »Wodka«, brüllte er. Ty-pisch, dachte ich. Dabei war es nicht der Weltraum-Wodka, der mich störte. Ich kann mir vorstellen, daß man auch in einer österreichischen Raumstation nicht drei Wochen lang ohne G'spritzten auskommen würde. Doch die Tatsache, daß bei jedem Flug technologisch hochentwickelte Geräte zur Raumstation befördert wurden und daß dann nicht ein-mal eine Plastikflasche aufzutreiben war, ist eben typisch russisch.

Picknick im Wald

Der nächste wichtige Schritt im Rahmen unserer Ausbildung begann wie alle anderen auch: mit einem »Med-Osmotr«. Diesmal standen jedoch die Körpertemperaturmessung und eine genaue Gewichtsbestimmung im Mittelpunkt der Untersuchungen. Das Abenteuer, das uns nun bevorstand, nennt sich Überlebenstraining. Und zwar für den Winter, da unser Flug im Oktober stattfinden sollte, und da es im mutmaßlichen Landegebiet zu dieser Zeit schon relativ kalt sein konnte.

Zuerst instruierte man uns genauestens über die Notrationen, die wir erhalten würden und über das Werkzeug, das uns zur Verfügung stand. Danach zwängten wir uns in die Raumanzüge. Mit einem speziellen Fahrzeug für besonders unwegsames Gelände wurden wir schließlich in das Landegebiet gebracht. Dort lag sie, die Kapsel. Aufgewärmt auf 20 Grad. Die Hoffnung, sie könnte aufrecht stehen, zerschlug sich. Man hatte sie auf die Seite gekippt.

Es sollte eine Landung simuliert werden, bei der die Bergungsmannschaften nicht gleich in der Lage sind, die Kapsel zu finden. Zuerst mußten wir allerdings in die Kapsel, um mit dem Schauspiel beginnen zu können. Dieser Prolog war schlimm genug: Mich hatten sie ausgewählt, als erster in das Raumschiff zu klettern. Da ich mich im Raumanzug kaum bewegen konte, wurde ich von mehreren Helfern regelrecht durch die Luke gestopft. Da die Kapsel auf der Seite lag, war es nicht ganz einfach, mich zu orientieren. Abgesehen davon war so wenig Platz, daß ich mir beim besten Willen nicht vorstellen konnte, daß hier noch zwei Leute hineinpassen sollten.

Kaum hatte ich es mir »gemütlich« gemacht, wurde die Luke wieder geöffnet. Nun stopfte man den nächsten mit aller Gewalt hinein. 76 Kilo Clemens plus 15 Kilo Raumanzug auf mir drauf. Ich hatte zwar einen Fensterplatz, doch das nützte auch nichts, denn mein Ausblick war die russische Erde. Für einige Sekunden hatte Clemens gut lachen. Dann öffnete sich die Luke erneut. Für unseren Kollegen Jura blieb tatsächlich kaum noch Raum zum Atmen. Die Hilfsmannschaft hatte größte Probleme mit dem Schließen der Luke. Doch in dem Moment, da sie einschnappte, begann der Ernst des Lebens. Unsere Aufgabe war es, die Raumanzüge auszuziehen, die Thermoanzüge anzulegen und die Nacht in der Kapsel zu verbringen.

Uns blieb nicht viel Zeit. Die Raumanzüge sind luftdicht und somit kann die vom Körper produzierte Wärme nicht mehr abgeführt werden. Gelingt es, die Handschuhe auszuziehen, so kann man unter diesen Bedingungen noch eine Stunde überleben. Gelingt es nicht, dann bleibt nur eine Viertelstunde.

Schon nach wenigen Minuten mußten wir einsehen, daß wir keine Chance hatten, die gestellte Aufgabe zu erfüllen. Wären wir – wie bei der normalen Landung – in unseren Sitzen angeschnallt gewesen, dann hätte sich einer nach dem anderen vom Raumanzug befreien können. In diesem Chaos gelingt es jedoch keinem von uns in die geeignete Position zu kommen.

Wir entschließen uns also zur Improvisation. Und dieses heißt: Befreiung aus der Kapsel. Clemens liegt in der Mitte und damit der Luke am nächsten. Ihm könnte es gelingen, diese mit den Füßen zu öffnen. So hoffen wir zumindest. Ich habe nur die Aufgabe, mich möglichst wenig zu bewegen, um Kraft zu sparen und unnötige Anstrengungen zu vermeiden. Während sich Clemens verzweifelt bemüht, die entscheidenden Hebel zu erreichen, fällt bei Jura das Visier des Raumanzuges zu. Aus dem Galgenhumor, den wir bis zu diesem Zeitpunkt trotz aller Beklemmungen gezeigt hatten, wird plötzlich bitterer Ernst. Das Überlebenstraining ist mit einem Schlag zum Kampf ums Überleben geworden. Raumanzüge sind bei solchen Simulationen an keine Ventilation angeschlossen. Clemens bleiben also nur ein paar Minuten, um Jura vor dem Erstickungstod zu retten.

Juras Arme sind eingeklemmt sodaß er keine Chance hat, das Visier wieder zu öffnen. Weder ich noch Clemens erreichen mit den Händen seinen Helm. Juras Augen glänzen hinter der Glasscheibe mit dem Ausdruck stärkster Hoch-

spannung. Clemens versucht, sich an seinem Kopfende abzustoßen, um mit Schwung die Luke zu erreichen. Erster Fehlversuch: Sein Fuß fährt ins Leere. Ich versuche mich noch kleiner zu machen, um ihm mehr Platz zu geben. Atemlose Spannung – im wahrsten Sinne des Wortes. Jura bleibt ruhig. Clemens gelingt es, wieder ein paar Zentimeter zu schinden. Wieder schlägt sein Fuß an der Luke vorbei.

Minuten werden zu Sekunden, die Zeit scheint uns davonzulaufen. Verbissen versucht Clemens, sich ein paar Grad um seine Körperachse zu drehen. Sein rechter Fuß berührt Metall. Noch fünf Zentimeter fehlen auf den entscheidenden Hebel. Jura scheint bereits zu dampfen. Schweißbäche fließen über sein Gesicht. Ich erkenne meine Chance, einen Arm freizubekommen, um nach Juras Visier zu fassen. Doch durch diese riskante Aktion, hätte ich Clemens derart behindert, daß das Öffnen der Luke in den nächsten Minuten unmöglich gewesen wäre. Der Versuch, Clemens mit dem freien Arm näher an die Luke zu schieben, scheitert. Ich tappe ins Leere.

Plötzlich gibt es einen Ruck. Clemens' Lage hat sich verändert. Eine Falte des Raumanzuges war irgendwo hängengeblieben. Durch diese Bewegung ist uns beiden der Blick zum Hebel verwehrt. Doch Clemens scheint günstiger zu liegen. MIt dem Fuß ertastet er den Hebel. Ein Tritt – nichts rührt sich. Ein zweiter Tritt – Clemens rutscht ab. Sein Bein ist jetzt unter dem Hebel eingeklemmt. Wieder eine Schocksekunde. Doch aus diesem Verhängnis wird ein Vorteil. Clemens erreicht den Hebel mit seinem linken Fuß. Durch den Widerstand des rechten Beines gelingt es ihm, den Hebel aufzuschlagen und die Luke nach innen aufzuziehen. Jura hakt sich mit einem Fuß fest und macht die Luke ganz auf. Zwar ist durch das Öffnen der Luke jetzt sogar noch viel weniger Platz, was man kaum für möglich halten würde, doch es gelingt, den »verklemmten« Kollegen an Kopf und Schultern aus der Kapsel zu drängen. Dieser Vorgang kostet noch eine weitere Minute. Doch dann ist es geschafft: Jura hat wieder festen Boden unter seinen Füßen. Er öffnet sein Visier und beginnt tief zu atmen.

Auch wir atmen auf. Und plötzlich haben wir wieder Luft, Jura macht den Eindruck, als wäre er soeben zum zweiten Mal auf die Welt gekommen. Und irgendwie war die ganze

Situation wohl auch mit einer Geburt zu vergleichen. Allerdings war es die Geburt von etwas groß geratenen Drillingen in Steißlage.

Jura bat um sein Thermokostüm. Es ist – wie auch die Schwimmkostüme und die Trainingsanzüge – für alle drei Mannschaftsmitglieder dicht und kompakt in der Kapsel untergebracht. Man braucht nur eine Masche zu öffnen, und all diese lebenswichtigen Kleidungsstücke purzeln aus der Befestigung.

Clemens war noch damit beschäftigt, aus der Kapsel zu kriechen, als ich ihn bat, an dieser Masche zu ziehen. Und er zog. Während er von einer Flutwelle an zylinderförmigen Säcken regelrecht aus der Luke gespült wurde, war ich mit einem Schlag abermals völlig bewegungsunfähig. Die Notgarderobe hatte mich unter sich begraben. Zum Glück wurden meine Hilferufe schnell erhört. Clemens und Jura befreiten schließlich auch mich aus dieser vergleichsweise eher komischen als kosmischen Lage.

Wir waren alle drei sehr glücklich darüber, daß die Natur keinen von uns mit Platzangst ausgestattet hatte. Wäre auch nur einer in Panik geraten – wer weiß, ob wir alle drei lebend aus dieser Mausefalle entkommen wären. Kann schon sein, daß die Rettung von außen rechtzeitig zur Stelle gewesen wäre. Doch unsere Helfer hatten ihre Rolle in diesem Überlebenstraining sehr echt gespielt: Sie hielten sich so weit im Hintergrund, daß keiner von uns auch nur daran denken konnte, daß ernstzunehmende Hilfe greifbar wäre.

Nun begann die Kostümprobe: Über die weiße Unterwäsche mit langen Ärmeln, die wir bereits unter dem Raumanzug getragen hatten, kam nun ein warmer Pullover. Darüber zogen wird die Trainingsanzüge mit langen Latzhosen. Das Thermokostüm selbst besteht aus einem Overall, warmen Stiefeln und einer Jacke. Aus den Schwimmkostümen fertigten wir noch spezielle Stiefel, die bis zur Hüfte hinaufreichten. Es heißt, daß man mit dieser Ausrüstung auch bei minus 50 Grad eine gewisse Zeit überleben kann.

Aus dem Fallschirm, der wie ein Vorhang über die Winterlandschaft gebreitet war, fertigten wir ein Zelt. Wir befestigten es unmittelbar an der Luke. Auf diese Weise konnten wir noch eine Zeitlang die Wärme aus dem Inneren der Kapsel nützen.

Viehböck und Lothaller beim Winterüberlebenstraining im Wald des Sternenstädtchens.

Die Landekapsel beim Training: Nach der echten Landung lag sie exakt in der gleichen Position – nur der Schnee fehlte.

Das Schlimmste schien damit bereits überstanden. Was jetzt folgte war Pfadfinderromantik – unter Extrembedingungen. Wir setzten uns rund um ein Lagerfeuer und begannen die erste Mahlzeit vorzubereiten. Zwei Liter Wasser für zwei Tage pro Person – in der Wüste wäre das sehr wenig. Doch hier konnten wir ja auch den Schnee für Kaffee verwenden. Zu essen gab es nicht besonders viel: 6.000 kcal pro Person. Doch dieser Umstand machte uns ebenso wenig Kopfzerbrechen wie die tief winterlichen Verhältnisse. Alle 90 Minuten mußten wir uns per Funk bei einem Kontrollpunkt melden und einen Lagebericht durchgeben.

Jetzt ging es nur noch darum, einen Rhythmus für die Nacht zu finden. Wir beschlossen, daß jeder von uns zwei Stunden Wache halten mußte. Mangels einer Münze, knobelten wir mit »Schere-Stein-Papier« um die erste Schicht. Clemens gewann und hätte sich als erster niederlegen dürfen, wenn ... ja, wenn nicht plötzlich ein Schatten hinter einem Baum aufgetaucht wäre. Ich überlegte bereits, wo sich in unserem »Survival kit« wohl die Pistole befand, mit der man Signalraketen, aber auch normale Kugeln abfeuern konnte. Da gab sich der Fremde im Dunkeln zu erkennen: »Ssst, ich bin es«, zischte er. Im flackernden Licht des Lagerfeuers konnten wir noch immer nichts erkennen. »Wer?« schrie Jura. »Ivan, wer sonst?« antwortete der Mann. Ivan! Typisch. Unser Sporttrainer hatte sich den Weg durch den Wald bis zu unserem Lager gebahnt. Eine rührende Willkommensszene war das. Ganz so, als hätten wir ihn seit Wochen und Monaten nicht mehr gesehen. Dabei waren wir erst am Tag davor mit ihm noch Langlaufen gewesen. Es war eine Mischung aus Schadenfreude und echtem Bedauern, mit der er unsere Lage kommentierte. »Gleich wird es euch besser gehen«, sagte Ivan und zog eine Flasche Wodka aus seiner Tasche. Danach steckte er auch eine Flasche Champagner in den Schnee, legte Speck und Brot auf die Steine beim Feuer, klatschte in die Hände und johlte: »Die Party kann beginnen!«

Kaum war ihm das Wort entfahren, knisterte es erneut im Unterholz. Klaus, einer der beiden deutschen Kosmonauten, die nach uns an der Reihe waren, gesellte sich zu uns ans Feuer. Natürlich mit Verpflegung.

Und so ging es weiter. Vier oder fünf unserer Freunde mögen es wohl gewesen sein, die uns in dieser Nacht einen Besuch abstatteten.

Wenn jemand das Recht hat, mitanzusehen, wie ich im Wald »überlebte«, dann ist es Vesna. Persönlich freute mich das Auftauchen meiner Frau natürlich am meisten. Wenngleich nichts aus der Überraschung wurde, die sie sich vorgestellt hatte. »Flaffi« und »Kiko«, unsere beiden Hunde, hatten meine Witterung aufgenommen (vielleicht war es auch der Speck am Lagerfeuer) und sprangen laut japsend auf mich zu. Mit Gewalt versuchten die beiden Rabauken Vesna die Show zu stehlen, was ihnen natürlich nicht gelang ... denn das kann keiner.

Als sich die Party dem Ende zuneigte, waren wir hauptsächlich mit zwei Arbeiten beschäftigt: Erstens mußte das Feuer immer in Schwung gehalten werden. Immerhin hatte es um die 15 Grad minus, und das Holz brannte sehr schnell ab. Wir fällten mit der kleinen Handsäge aus dem Überlebenskästchen ein paar Bäume und sammelten auch herumliegende Äste und Zweige ein. Die zweite Tätigkeit bestand darin, die Geschenkpakete, die wir im Zuge unseres Überlebenstrainings erhalten hatten, im Wald zu verstecken. Die Kontroll-Patrouillen durften natürlich auf gar keinen Fall mitbekommen, was sich hier im Wald wirklich abgespielt hatte.

Die Holzsuche stand auch im Laufe des nächsten Tages im Mittelpunkt. Das Feuer hatte uns während der Nacht sehr gute Dienste geleistet. Da wir es unmittelbar vor dem Eingang zum Zelt angelegt hatten, betrug die Temperatur im Zelt etwa null Grad. Da ließ es sich in unserer Kleidung schon schlafen.

Und auch die Besucherkette riß nicht ab. Sogar ehemalige Kosmonauten und die Chefs verschiedener Abteilungen des Ausbildungszentrums gesellten sich zu uns. Und jeder von ihnen begann mit der gleichen Geschichte: »Als ich mein Überlebenstraining absolvieren mußte, hatte es 40 Grad, die Spucke flog in kleinen Kügelchen zu Boden und beim Pinkeln fielen kleine Eiszapfen in den Schnee.« Dazu habe selbstverständlich ein eisiger Wind geweht, und das Feuer sei vom Schneesturm regelrecht verschüttet worden ... Naja, wahrscheinlich werde ich meinen Enkerln irgendwann einmal genau die gleiche Story auftischen.

Nach der zweiten Nacht kam dann der erste offizielle Besuch. Im Beisein der verantwortlichen Chefs feuerten wir auch unsere Signalpistolen ab. Sowohl mit Leuchtraketen als auch mit gewöhnlichen Kugeln. Dann gratulierten uns alle zum erfolgreichen Abschluß des Überlebenstrainings. Und dieses endete so, wie es begonnen hatte: mit einem »Med-Osmotr«.

Normalerweise beträgt der Gewichtsverlust bei diesem Training etwa vier Kilo. Schon als ich untersucht wurde, waren die Ärzte sehr erstaunt, daß ich nur rund 500 Gramm verloren hatte. Doch als Clemens auf die Waage stieg, kannte die Ratlosigkeit keine Grenzen: Er hatte ein halbes Kilo zugelegt! Clemens, der besser »überlebt« hatte als irgendein anderer Kosmonaut vor ihm, bekam eine strenge Rüge, da alle annahmen, daß er von meiner Essensration genascht hatte.

FRANZ VIEHBÖCK

First Step to Heaven

Nun kamen wir dem eigentlichen Raumfahrtsprojekt schon näher. Hatte sich unsere bisherige Ausbildung doch in erster Linie auf dem Boden der Realität ... beziehungsweise auf dem Boden der möglichst realen Simulation abgespielt, so gingen wir jetzt endlich in die Luft. Oder besser gesagt: Wir wollten in die Luft gehen. Doch »Väterchen Frost«, wie der Winter in Rußland genannt wird, spielte nicht mit. Der Schnee schmolz. Da die Ausbilder die Verletzungsgefahr bei unseren beiden Sprüngen aus tausend Meter Höhe jedoch so gering wie möglich halten wollten, ließen sie keine Sprünge zu.

Zuerst war das Wetter zu schlecht für einen Start. Dann war die Schneeunterlage zu gering für eine risikofreie Landung. Und schließlich löste sich der Schnee ganz auf. Wir glaubten schon gar nicht mehr an unsere Sprünge, für die wir in der Theorie bereits bestens vorbereitet waren: Wir hatten das Zusammenpacken der Fallschirme geübt und den Aufsprung von einem Tisch aus simuliert. Und auch der »Running Gag« der gesamten Ausbildung, der »Med-Osmotr« hatte uns längst wieder eingeholt. Nur die Praxis ließ noch zu wünschen übrig.

Eines schönen Wintertages erzählte mir Vesna, die die Fernsehnachrichten verfolgt hatte, daß es in der Nacht starke Schneefälle geben würde. Ich rechnete also insgeheim damit, daß es nun doch zu einem Absprung kommen könnte. Tatsächlich wurden wir am nächsten Tag darauf vorbereitet. Die Bedingungen waren optimal. Federweicher Neuschnee, strahlend blauer Himmel, völlige Windstille. »Auf geht's«, sagte ich zu unserem Ausbilder, gleich als ich ins Zentrum kam. »Bedaure«, sagte dieser. »Heute stehen uns keine Hubschrauber zur Verfügung.« Ich mußte mich damit abfinden. Wie man sich ganz allgemein mit den meisten Dingen abfinden muß – hier in der Sowjetunion.

»Viehböck-Nachfolger« Klaus Flade aus Deutschland zwischen den beiden österreichischen Kosmonauten.

Bilderbuchsprung des deutschen Kosmonauten, der im März 1992 zur MIR-Station fliegen wird.

Am nächsten Tag war das Wetter wieder nicht ideal. Doch an diesem Tag waren die Hubschrauber schon in aller Früh bereitgestellt. Damit stand unseren Sprüngen nichts mehr im Weg. Tausend Meter waren bald erreicht. Wir bekamen den Befehl, abzuspringen. Vorher hatte man uns noch versichert, daß sich der Fallschirm nach drei Sekunden automatisch öffnen würde. Ich stürzte mich also ins Nichts, spürte schon im freien Fall einen angenehmen Luftpolster unter meiner Brust und segelte davon. Dann erst begann ich zu zählen: »einundzwanzig, zweiundzwanzig, dreiundzwanzig, dreiundzwanzigeinhalb, vierundzwanzig, fünfundzwanzig...« Was war passiert? Bei dreiundzwanzig hatte ich noch an den Witz denken müssen, in dem ein Schweizer den Auftrag bekommt, bis zehn zu zählen und dann an der Reißleine zu ziehen. Als er wie ein Stein im Boden eingeschlagen war, ohne daß sich der Fallschirm geöffnet hatte, stürmten die Rettungsmannschaften herbei und hörten den Schweizer mit angeborener Langsamkeit zählen: »...sieben, acht...« Doch gleich darauf verging mir irgendwie das Lachen. Sekunden wurden zu Minuten. Ich beschäftigte mich bereits ernsthaft mit dem Gedanken, die Rettungsleine zu ziehen. Doch gerade in dem Moment, da ich mich dazu entschlossen hatte, gab es einen Ruck, und ich segelte am Hauptfallschirm sanft und ohne weitere Probleme zu Boden. Die Landung im Neuschnee war butterweich.

Ich packte meinen Fallschirm und stürmte auf den erstbesten Kollegen zu, den ich von meinem Landeplatz aus sehen konnte: »Wie lange hat es bei dir gedauert, bis der Schirm endlich aufgegangen ist?« fragte ich empört. »Gut fünf Sekunden«, antwortete er – und ich hatte das Gefühl, daß auch ihm noch der Schreck in den Gliedern saß. Der Unterschied ist freilich nicht groß, doch wenn man auf drei Sekunden eingestellt ist, dann wird jede weitere Sekunde zu einer Ewigkeit.

Beim zweiten Sprung – so hatte ich das Gefühl – dauerte es noch länger, bis sich der Schirm öffnete. Doch diesmal ließ ich mich nicht mehr irritieren: Die »Öffnungszeiten« sind ja auch bei uns in Österreich ein Problem, das sogar die Politiker beschäftigt, dachte ich. Allerdings betrifft es dort die Geschäfte – und nicht die Fallschirme.

Ich dachte über die falschen Angaben nach, die man uns

vor unserem Absprung diesbezüglich gegeben hatte. Ich bin nicht sicher, ob sich dahinter nicht ein kleiner psychologischer Test verbarg. Doch wie auch immer: Wir hatten ihn überstanden. Keiner hatte die Nerven verloren und voreilig an der Rettungsleine gezogen.

Lohn der Angst: ein Orden – nach altem, sowjetischen Militärbrauch. Das gute Stück hatte die Form eines Fallschirms. Daran baumelte ein kleines Blättchen mit einer Ziffer. In unserem Fall »2«. Dieser Anhang gibt an, wie oft man bereits mit dem Fallschirm abgesprungen ist. Wir sollten im Rahmen unserer Ausbildung noch viele Orden bekommen. Allerdings nur diesen einen, der sich sozusagen weiterentwickeln konnte.

Nehmen wir einmal an, der Weltraum beginnt im Dachgeschoß eines hundertstöckigen Hauses, dann hatten wir soeben die Treppe vom Keller zum Erdgeschoß hinter uns gebracht. Nun lag der Mezzanin vor uns: Schwerelosigkeitsflüge nennen sich jene Situationen, in denen dieser unvorstellbare und unvergleichliche Zustand nachgeahmt werden soll. Gleichzeitig sind diese Flüge die einzige Möglichkeit, das Gefühl der Schwerelosigkeit wenigstens für einige Sekunden naturgetreu zu vermitteln.

Die Möglichkeiten für die Simulation sind in der UdSSR tatsächlich einmalig: Eine viermotorige Transportmaschine vom Typ Illjuschin 86 wurde eigens für diese Tests umgebaut und eingerichtet. Der Raum, der für das eigentliche Training zur Verfügung steht, ist 3,5 mal 3,5 mal 14 Meter groß. Weder den Amerikanern noch den Europäern ist es gelungen, auch nur annähernd so gute Bedingungen zu schaffen.

Das Prinzip ist ganz einfach: Wirft man einen Stein und versucht man, eine optimale Weite zu erreichen, so muß man ihm einen Abflugwinkel von etwa 45 Grad mit auf die Reise geben. Die Flugbahn wandelt sich zu einer Parabel. Während der Stein fliegt, ist er schwerelos. So gibt es doch schon sehr viele Menschen, die das Gefühl der Schwerelosigkeit zumindest für Bruchteile von Sekunden erlebt haben: Nämlich all jene, die schon einmal von einem Trampolin ins Schwimmbecken gesprungen sind.

Nichts anderes passiert bei diesen Flügen. Die Riesenmaschine begibt sich in einen Steilflug von 45 Grad und verfolgt von da an die genaue Linie der entsprechenden Wurfparabel. Danach geht sie in den Sturzflug, wobei der Pilot versucht, die Maschine dabei nach Erreichen der 45 Grad wieder abzufangen. In diesem Augenblick beträgt die Belastung zirka zwei g.

Während die Maschine diese Flugbahn beschreibt, sind alle Dinge und Menschen, die sich an Bord befinden, für etwa 25 Sekunden schwerelos. Nach jedem Start werden zehn Parabeln geflogen. Doch natürlich steht nicht das bloße Vergnügen im Mittelpunkt. Wir mußten versuchen, ein hundert Kilo schweres Gewicht aufzuheben und unserem Nachbarn zuzuwerfen. Das Ding wiegt zwar nichts, man muß aber zuerst die Masse in Bewegung setzen. Hält man das Gewicht ruhig in der Hand und läßt man es dann aus, so bleibt es einfach im Raum stehen, bis die Phase der Schwerelosigkeit wieder vorbei ist. Bekommt man es aber von einem anderen zugeworfen, so muß man zuerst versuchen, diesen Impuls (Masse mal Geschwindigkeit) abzufangen. Schwebt man dabei frei im Raum, so wird man einfach angeschoben und kann nichts dagegen tun. Sollte es nicht gelingen, sich von irgendeiner Wand abzustoßen, dann nützt kein Schreien und kein Weinen, kein Strampeln mit den Beinen: Dann fliegt man, und fliegt man, und fliegt man ... bis die Parabel zu Ende ist.

Die angenehme Überraschung des Tages: Das Anziehen des Raumanzuges ist im Zustand der Schwerelosigkeit viel leichter als auf der Erde. Während dieses Vorganges drehten uns unsere Betreuer in alle möglichen Richtungen. Im Handumdrehen war das natürliche Empfinden für oben und unten verschwunden. Die Orientierung ist ab diesem Moment nur noch mit Hilfe der Augen möglich. Das Gleichgewichtsorgan erhält plötzlich keine Signale mehr. Und genau dieser Umstand verursacht die Weltraumkrankheit.

Und was das Schlimmste ist: Man braucht gar nicht erst in den Weltraum zu fliegen, um unter ihr zu leiden. Vielen wurde bereits durch die Störung des Gleichgewichtsempfindens auf diesen Schwerelosigkeitsflügen schlecht.

Weder Clemens noch ich hatten mit der Schwerelosigkeit Probleme. Wir waren sozusagen auf du und du mit diesem Zustand und konnten ihn uneingeschränkt genießen. Auch wenn die vielen Versuche, die Schwerelosigkeit zu beschrei-

Das Anziehen des Raumanzuges während eines Parabelfluges fällt wesentlich leichter als unter Normalbedingungen.

Auch die beiden Ersatzkosmonauten Clemens Lothaller und Reinhold Ewald aus Deutschland kamen während dieser Flüge in den Genuß der Schwerelosigkeit.

ben, im Endeffekt scheitern, da das Vorstellungsvermögen damit kraß überfordert ist, sei mir erlaubt, mit einem »irdischen« Vokabel einen weiteren Versuch zu unternehmen: Es ist wunderbar!

Doch jeder reagiert eben anders. Und ganz ohne Folgen schwebte das Gefühl der Schwerelosigkeit auch an meinem Gleichgewichtsorgan nicht vorüber: Als ich mich ins Bett legte und gerade am Einschlafen war, hatte ich plötzlich das Gefühl, meine Beine würden abheben und langsam zur Dekke aufsteigen. Nun, ich bin froh, daß sie es nicht wirklich getan haben. Denn der Sturz vom Plafond hätte, wenn schon nicht mich, dann zumindest mein Bett das Leben gekostet.

Es gibt aber auch eine bestimmte Übung, die für einen stillen Beobachter viel aufregender ist als für den Betroffenen selbst: die Hubschrauberbergung.

Es wird dabei eine Landung in unwegsamen Gelände simuliert. Vom Boden aus muß man spezielle Signalraketen abfeuern, um der Bergemannschaft im Hubschrauber die eigene Position bekanntzugeben. Sobald der Pilot nahe genug ist, um diese Signale zu empfangen, steuert er in Richtung Landestelle. Er versucht nun möglichst schnell – wie ein Raubvogel seine Opfer – die Gelandeten genau auszumachen. Er bringt den Hubschrauber in zwanzig Meter Höhe ziemlich genau über den Landepunkt zum Stillstand und läßt die spezielle Bergevorrichtung herunter. Dabei handelt es sich um einen eigentlich recht bequemen Sessel, in dem man sich anschnallen muß. Hat man das getan, gibt man dem Piloten ein Zeichen. Der Sessel wird nach oben gezogen – basta. Diese Aktion ist wirklich alles andere als spannend oder abenteuerlich.

Nach einer Wasserlandung funktioniert der Bergevorgang ganz ähnlich, wobei ich mir vorstellen kann, daß etwa rauhe See doch noch ein Abenteuer daraus machen könnte. Diese Erfahrung mußten wir wenig später am eigenen Leib erfahren. Und zwar beim Überlebenstraining auf dem Schwarzen Meer. Der »Aufzug« zum Hubschrauber war dabei jedoch noch der angenehmste Teil der Übung.

Doch das stand uns zu diesem Zeitpunkt alles noch bevor, während das erste Training für die Wasserbergung geradezu langweilig verlief: An Stelle des Sessels wurde vom Hubschrauber ein Haken heruntergelassen, den man an den speziell vorgesehenen Schlaufen am wasserdichten Rettungsanzug befestigte.

Ich konnte mir nach diesen Übungen kaum vorstellen, daß mich das Überlebenstraining im Schwarzen Meer besonders beeindrucken würde.

Welch ein Irrtum!

Franz Viehböck

Sonderurlaub für einen Kommandanten

Eine Landung ist – wie der Name schon sagt – etwas, das mit dem Land zu tun hat. Der Ausdruck »Wasserlandung« birgt daher einen gewissen Widerspruch in sich. Aus diesem Grund wurde schon vor Jahren bei den Übertragungen amerikanischer Raumflüge das häßliche Wort »Wasserung« verwendet.

Sowjetische Raumflüge enden grundsätzlich auf dem Land. Doch da die Oberfläche unseres Planeten zu zwei Dritteln aus Wasser besteht, ist die Gefahr groß, daß die Kapsel bei eventuell auftretenden Problemen im Meer niedergeht.

Und das Wort »Gefahr« ist keine Übertreibung – das wissen wir seit unserem Urlaub am Schwarzen Meer.

Fiadossia – ein Ort im Süden. Obst, Citrusfrüchte, Temperament. Farbenprächtiger Alltag. Der Grauschleier des Systems, der sich über die ganze Sowjetunion zieht, ist hier besonders zart, kaum merkbar. Eine andere Welt, nicht zu vergleichen mit Moskau.

Und auch die Situation, die wir hier trainieren mußten, wich von der Norm ab: Wasserlandung – für alle Fälle.

Schon das Trockentraining an Bord eines Frachters war eine Qual. Wir wurden wiederum zu dritt in die Kapsel gestopft. Diesmal durften wir zwar in unseren Schalensitzen Platz nehmen, doch die Begleitumstände waren unvergleichlich unangenehmer als beim Wintertraining. Die Sonne brannte auf die Landekapsel. Innerhalb von wenigen Minuten hatten wir gut 45 Grad erreicht. Der Reihe nach mußte nun jeder von uns versuchen, seinen Wärmeanzug anzuziehen – Jawohl! Wärmeanzug. Für einen großgewachsenen Kosmonauten ist dieser Vorgang ohne fremde Hilfe praktisch unmöglich. Wegen Platzmangels würde er es wohl nicht einmal schaffen, den Raumanzug auszuziehen.

Die wichtigste Komponente der schweren Arbeit bei diesen extremen Bedingungen bestand also darin, den anderen zu helfen. Raus aus dem Raumanzug, hinein in die warmen Trainingsanzüge, dann in den wasserdichten Overall, um im Meer möglichst lange überleben zu können. Und das ganze dreimal. Einer nach dem anderen zwängte sich schweißgebadet in sein Gewand. So lange, bis nur noch der Kopf aus der wasserdichten, kochend heißen Hülle herausschaute. Doch nicht lange, denn wir mußten gegen alle Warnzeichen des Körpers in dieser Situation auch noch eine warme Wollmütze aufsetzen und darüber eine Gummihaube stülpen. Der Overall ist mit Daunen gefüllt, damit man im Winter sogar bei 40 Grad Kälte überleben kann. Doch im Augenblick hatte es 40 Grad plus!

»In der Sauna braucht man wenigstens keine Schwerarbeit verrichten«, sagte ich. »Spar dir deine Luft«, pfauchte mich mein sowjetischer Kollege an. Es hatte natürlich recht, denn jeder Handgriff und jedes Wort kostete unnötig Kraft. Jeder Bewegung mußte eine kurze Pause folgen, um das zwei- bis dreistündige Manöver überhaupt durchhalten zu können. Der Puls erhöht sich während dieser Aufnahmsprüfung für das Fegefeuer auf 180 Schläge in der Minute. Es wurden Messungen angestellt, die ergaben, daß die Körpertemperatur auf 41 Grad steigt und daß man während dieser Übung bis zu vier Kilogramm an Körpergewicht verlieren kann.

In unserem Fall war dieses erste Trockentraining allerdings die Aufnahmsprüfung für den Sprung ins kühle Swimmingpool an Bord des Schiffes. Und die Hoffnung auf dieses erfrischende Ereignis verhinderte die Kapitulation vor der schier unlösbaren Aufgabe.

Nachdem wir es also – entgegen allen Erwartungen – irgendwie geschafft hatten, die Montur vollständig anzulegen, mußten wir noch einen speziellen Schwimmgürtel um unsere Hüften legen. Man brauchte nur an einer Leine zu ziehen, und schon wäre man von einem Luftpolster umgeben, der das Überleben im Wasser noch leichter machen würde. Beinahe wäre es mir jedoch passiert, daß ich in der Hitze des Gefechts schon in der Kapsel an dieser Leine gezogen hätte. Damit wären wir mit einem Schlag rettungslos im Inneren dieser schwimmenden Einzelzelle gefangen gewesen.

Geschafft! Nach 2:56 Stunden kletterten wir einer nach dem anderen aus der Kapsel. Wir waren uns einig, daß dieses Manöver alle bisherigen bei weitem übertroffen hatte. Doch gleichzeitig wußten wir, daß uns am nächsten Tag die erste Steigerungsstufe noch bevorstand. Mit dieser Vorstellung vor Augen blieb ich nach meinem Kopfsprung in das Swimmingpool gleich eine halbe Minute unter Wasser. Gerade so, als wäre ich in den Fluß des Vergessens gesprungen.

Ich glaube kaum, daß auch nur einer von uns in dieser Nacht wirklich gut geschlafen hat. Ich träumte von schwimmenden UFOS und tauchenden Raketen, von fliegenden Tintenfischen und brennenden Schlauchbooten. All diese Horrorgeschichten, die man uns über die Simulation einer Wasserlandung erzählt hatte, schossen durch meinen Kopf.

Die Realität übertraf sie – zum Glück nicht. Da der Seegang zwar stark, jedoch unseren Ausbildnern nicht stark genug war, hielten sich Froschmänner im Wasser auf. Kaum hatte man die Kapsel mit einem Kran ins Wasser gelassen und die drei Delinquenten hineingestopft, begannen sie die Kapsel wie wild zu schaukeln. Und das alles nur, um uns eine »angenehme Seereise« zu garantieren.

Doch unsere guten Mägen machten den Sadisten einen Strich durch die Rechnung: Keinem von uns kam das Frühstück hoch – und gerade davor hatten wir Angst gehabt. Denn ein solches Unglück passiert relativ oft, wie man uns berichtet hatte. Und dann wird das Arbeiten an Bord der Kapsel tatsächlich unerträglich.

Doch so war die Wasserbergung eigentlich nur eine Wiederholung der Ereignisse des Vortages. Das Schaukeln machten wir dadurch wett, daß wir bei einigen Handgriffen schon ein wenig Routine hatten. Und im Endeffekt waren wir schneller als beim Trockentraining.

Der dritte Akt des »Überlebenstrainings am Wasser« war dann wirklich das reinste Vergnügen. Wir durften den Raumanzug anlassen und brauchten nur den Schwimmreifen anzulegen und das »Survival kit« mitzunehmen. Danach kletterten wir aus der Kapsel und durften endlich wirklich an der Leine ziehen, sodaß sich der Schwimmgürtel aufblies. Denn im Raumanzug allein hätten wir wohl keine Chance gehabt, an der Oberfläche zu bleiben. So aber konnten wir gemütlich von unserer Notverpflegung kosten und von unserem Wasser trinken. Dann übten wir noch das Ab-

Das Verlassen des Landeapparates nach einer Wasserlandung im Rahmen des Überlebenstrainings im Schwarzen Meer.

Überlebt!

schießen von Signalraketen mit der Pistole. Diese Schüsse empfanden wir fast wie Salutschüsse: Wir hatten wieder einmal »überlebt«.

Abgesehen von den harten Trainingseinheiten war der Aufenthalt am Schwarzen Meer tatsächlich so etwas wie Urlaub. Mit einem Tragflügelboot wurden wir von einem Badeort zum anderen gebracht. Dann wurden wir noch zur Besichtigung einer Sowchose eingeladen, wo wir mit hausgemachten Produkten bewirtet wurden. Vor unserem Abflug nach Moskau kauften wir noch kiloweise Früchte, weil wir all diese Schätze in Moskau doch nur so selten bekamen.

Bester Dinge, ja fast ein wenig erholt, stiegen wir ins Flugzeug. Plötzlich merkten wir, daß die Crew der Maschine unruhig wurde. Einer nach dem anderen ging aufgeregt durch den Korridor und zählte die Passagiere nach. Mit einem Ohr bekam ich einen Streit zwischen den beiden Piloten mit: »Ich dachte, du hast... « – »Nein, du!« brüllte der andere. »Aber er war doch bei dir als wir... « – »Nein, war er nicht! Du hättest auf ihn aufpassen sollen!« – »Aber er ist doch ein erwachsener Mensch!« – Ich hatte mich noch nicht entschieden, ob man nun einen Säugling, einen Hund oder einen Koffer mit Gold am Schwarzen Meer vergessen hatte, als ich den wahren Grund für die ganze Aufregung erfuhr: »Wir müssen zurückfliegen«, entschied der Flugkapitän. Minutenlang versuchte man nun vergeblich, eine Funkverbindung zum Abflughafen herzustellen. Schließlich meldete sich doch jemand: »Na endlich,over!« rief der Bordfunker. Dann kam die Antwort, die ich nicht verstehen konnte. »...was soll das heißen?« schrie der Pilot auf und riß das Mikrophon an sich. »Hören Sie! Sie müssen die Beleuchtung auf der Landebahn wieder einschalten, wir kommen zurück und...« Wieder wurde er unterbrochen. »Was heißt das, Sie haben schon Sperrstunde! Wir haben unseren Kommandanten vergessen! Verstehen Sie das.Over.« Wieder schien vom Tower in Fiadossia eine negative Antwort zu kommen. »...aber er wird uns allen den Kopf abreißen, wenn wir ihn nicht holen! Over.« Wütend brach der Pilot schließlich die Funkverbindung ab. Tatsächlich war etwas Unglaubliches passiert: Der Kommandant der Einheit, der das ganze Unterfangen »Überlebenstraining« geleitet hatte, war aus völlig ungeklärter Ursache nicht an Bord der Maschine. Ich konnte die tiefe Besorgnis seiner Untergebenen zwar verstehen, doch mußte ich mich gewaltsam zwingen, nicht laut loszulachen. Noch selten hatte ich eine so komische Aktion in diesem Land erlebt. Denn als man zurückfliegen wollte, gab es auf dem ganzen Flughafen keinen kompetenten Mann mehr, der Landung und Start der Maschine hätte verantworten können. Die Crew resignierte schließlich und flog zurück ins Sternenstädtchen. Der Kommandant konnte erst einige Tage später nach Hause fliegen. Leider habe ich nie erfahren, mit welchen Worten er seine Untergebenen begrüßte. Doch da ich nun schon relativ lang mit der Roten Armee zusammengearbeitet hatte, konnte ich mir diese Szene recht gut vorstellen.

Übrigens: Mich hätten sie ruhig vergessen können. Mir hat es sehr gut gefallen in dieser Gegend. Und ich bin mir gar nicht so sicher, ob sich der verlorengegangene Kommandant nicht mit Absicht klammheimlich vor dem Abflug abgesetzt hatte, um noch ein paar Tage Urlaub machen zu können.

Nach meiner Rückkehr hatte ich das dringende Bedürfnis, abseits aller Simulatoren und Trainingseinheiten mit dem eigentlichen Raumflug näher in Kontakt zu treten. Es waren ja schließlich nur noch ein paar Monate bis zum Start.

Zu diesem Zweck fuhr ich in das Flugkontrollzentrum. Im Abstand von rund zwei Wochen wird der Crew an Bord der Raumstation nämlich durch eine Fernsehverbindung die Möglichkeit geboten, private Gespräche mit Angehörigen, Freunden oder Kollegen zu führen. Diese Gelegenheit packte ich beim Schopf.

Ich war so aufgeregt, wie eben jemand ist ... wie eben jemand ist, der mit dem Weltraum »telefoniert«. Zwanzig Minuten sprach ich mit jenen Kollegen, die mich im Oktober empfangen würden und sah sie auch gleichzeitig am Fernsehschirm. Ich überzeugte mich dabei von ihrem guten Gesundheitszustand. Die Stimmung an Bord war großartig, und ich hatte das Gefühl, daß sie mich schon jetzt als vollwertigen Kollegen betrachteten. Ganz so, als wäre ich schon oben bei ihnen gewesen. »Wir freuen uns auf deinen Besuch«, sagte einer. »Die gemeinsame Arbeit wird sicher ziemlich interessant.«

Bilder und Worte, die sich einprägten. Ich hatte endlich das Gefühl, daß es sich hier nicht mehr um die Verwirklichung eines abenteuerlichen Bubentraumes handelte, sondern um die Realität. Die Raumstation und das damit verbundene wissenschaftliche Abenteuer war mit einem Mal greifbar geworden. Zu diesem Zeitpunkt wußte ich auch bereits, daß ich zur Raumstation fliegen würde. Die Entscheidung war denkbar knapp zu meinen Gunsten und gegen Clemens ausgefallen.

Politik oder Vernunft

Es gibt Situationen, die man einfach akzeptieren muß. Schon aus dem Grund, daß es keinen Sinn hätte, sie nicht zu akzeptieren. Als bei einem kurzen Heimaturlaub in Wien die Entscheidung fiel, wer von uns beiden fliegen, wer endgültig »erste Wahl« für den Raumflug am 2. Oktober 1991 sein würde, geriet ich in eben so eine Situation.

Schon die Rahmenbedingungen waren eine Sensation: Bisher hatten bei allen sowjetischen Raumflügen mit ausländischer Beteiligung die Russen das letzte Wort gehabt. In unserem Fall konnten und wollten sie sich nicht entscheiden und überließen die endgültige Auswahl dem wissenschaftlichen Oragnisationsteam in Österreich.

Bei einem kurzen Heimaturlaub wurden wir eines Abends schließlich vor vollendete Tatsachen gestellt: Franz ist die Nummer 1, ich bin die Nummer 2. Eine unumstößliche Entscheidung, die schon am Vormittag des nächsten Tages bei einer Pressekonferenz im Journalisten-Club Concordia in der Wiener Innenstadt der Öffentlichkeit mitgeteilt wurde.

Mag schon sein, daß ich aufgrund unserer Rollenverteilung während der gesamten Ausbildung bis zu diesem Zeitpunkt mit genau dieser Entscheidung gerechnet hatte. Und genau aus diesem Grund hielt sich meine Enttäuschung auch in Grenzen. Oder anders formuliert: Ich bin fast sicher, daß Franz an meiner Stelle wesentlich mehr enttäuscht gewesen wäre.

Franz ist der ältere von uns beiden. Doch noch mehr als dieses Argument zählte die Tatsache, daß die Entscheidungsträger doch einen Unterschied in unserer Leistungsfähigkeit gefunden hatten. Zwar war in allen Medien und offiziellen Statements immer wieder betont worden, wie unvorstellbar gleichwertig wir waren, doch schließlich sah man sich ja doch gezwungen, eine Begründung für die getroffene Entscheidung zu geben.

Die Rede, welche Minister Busek bei der Pressekonferenz hielt, war meiner Meinung nach sehr eindrucksvoll. Er vermittelte den anwesenden Journalisten dank seiner hervorragenden Rhetorik ein sehr klares Bild von der Aufgabenstellung des AUSTROMIR-Projektes. Ich glaube, daß nach dieser Vorstellung viele ihre Meinung revidieren mußten, daß es sich nur um ein kostspieliges Abenteuer handelte.

Die große Chance für die österreichische Forschung, international den Anschluß zu halten, stand im Mittelpunkt seiner Ausführungen.

Doch in einem einzigen Punkt gelang es ihm nicht, hundertprozentig präzis zu sein. Und da dieser Punkt meine Nicht-Nominierung betraf, will ich ihn klarstellen: Busek sagte, daß minimale medizinische Unterschiede den Ausschlag gegeben hätten und wollte auch die diesbezügliche Frage mehrmals an die zuständigen Ärzte deligieren. Doch schließlich entlockten ihm die Journalisten eine Antwort. Nämlich diese:

In Wahrheit waren wohl unterschiedliche Leistungskurven für diese korrekte und logische Entscheidung maßgeblich. Während ich sehr rasch einen Leistungshöhepunkt erreichen kann, kommt Franz sozusagen etwas langsamer in Schuß. Auch lag mein Leistungshöhepunkt in den meisten relevanten Tests über dem von Franz. Doch während ich nach dem Erreichen dieses Höhepunktes relativ schnell wieder in »Normalform« verfalle, hält Franz ein gewisses Niveau mit geradezu automatischer Konsequenz bis zum Abschluß seiner Arbeit. Übrigens entsprechen diese Testergebnisse hundertprozentig jenen Erfahrungen, die wir während unserer gemeinsamen Arbeit gemacht haben.

Das Argument der wissenschaftlichen Leiter unseres Projekts war nun folgendes: Wenn man dort in der Raumstation eine Reihe von Experimente durchführen muß, dann ist wohl jener Kosmonaut der geeignetere, der seine Aufgabe mit geradezu perfekter Stetigkeit absolvieren kann. Zwar traute man auch mir diese Konstanz zu, bei Franz war man sich aber eben um eine Nuance sicherer.

Die Unterschiede waren also keineswegs medizinischer Natur. Und abgesehen davon waren sie minimal, sodaß ich nicht den geringsten Grund hatte, mich als Verlierer zu fühlen. Ich erinnerte mich an ein olympisches Langlaufrennen vor vielen Jahren, in dem ein Schwede gegen einen Finnen nach 15 Kilometern um eine Hundertstelsekunde gewonnen hatte. Die genaue Analyse ergab schließlich, daß es sich sogar nur um ein Tausendstel gehandelt habe. Die Folge war, daß man viel mehr über den Verlierer als über den Sieger sprach. Wenig später schaffte man die Hundertstel-Wertung bei Rennen, die über mehrere Stunden gehen, ganz einfach ab. Wäre das schon vorher der Fall gewesen, dann hätte es zwei Goldmedaillen-Gewinner gegeben.

Ich war in einer ähnlichen Situation wie der arme Finne, denn auch in meinem Fall konnte es keinen Ex-aequo-Sieger geben. In der Raumkapsel war eben nur ein Platz für Österreich reserviert.

Ich hatte mich also sehr bald mit dem Ergebnis abgefunden. Und auch die Tatsache, daß sich das Interesse der Öffentlichkeit von diesem Moment an natürlich auf Franz konzentrierte, störte mich nicht. Diese Reaktion ist natürlich selbstverständlich. Ich bemerkte die Enttäuschung des Kurier-Fotografen Kristian Bissuti, der mich im Sternenstädtchen besuchte, weil er in Moskau eine Fotoausstellung hatte. Franz war zu dieser Zeit gerade in Deutschland, um sich bei der European Space Agency für zukünftige Aufgaben vorzustellen. Ich hatte diesen Ausflug bereits hinter mir, und so mußte sich Bissuti mit mir begnügen.

Doch ich durfte und wollte nie das Gefühl verlieren, daß ich mit Franz im selben Boot saß. Denn zur Klarstellung: Für mich war die Ausbildung nicht zu Ende. Ich mußte weiterhin jeden Schritt mitmachen, denn bis zum letzten Moment bestand ja die Möglichkeit, daß ein Mitglied aus der ersten Crew aus irgendeinem Grund ausgefallen wäre. Und in diesem Fall war eben geplant, daß die zweite Crew komplett einspringt. Das heißt: Es würde nicht nur der verhinderte Kandidat ersetzt werden, sondern seine gesamte Mannschaft. Hätte ich nun am Tag der Entscheidung das Handtuch geworfen, so wäre das Abenteuer auch für Franz zu Ende gewesen. Wir waren also nach wie vor voneinander abhängig: Ich durfte noch die kleine Hoffnung haben, doch zu fliegen, und war gleichzeitig seine Rückendeckung. Doch je näher der Flug kam, desto mehr stellte sich Franz seelisch auf das große Ereignis ein. Und wäre es in letzter Minute noch zu einem Crew-Wechsel gekommen, so hätte ich vermutlich mehr Mitleid für ihn als Freude für mich empfunden.

Um ganz ehrlich zu sein: Ich beneidete ihn auch nicht darum, was ihm bezüglich Publicity noch bevorstand.

Eine ganz andere Entscheidung traf mich viel härter: Am 5. Juli wurden wir plötzlich von den verantwortlichen Offzieren im Ausbildungszentrum vor vollendete Tatsachen gestellt. Nun gibt es wie gesagt Situationen im Leben, die man einfach akzeptieren muß. Doch während bei der Entscheidung zwischen Franz und mir logische Argumente den Ausschlag gegeben hatten, so waren es nun politische Argumente, die dem gesunden Menschenverstand und der Vernunft widersprachen.

Die Crews wurden verändert. Der Österreicher und der Kommandant der beiden Mannschaften blieben zwar gleich, doch an Stelle des zweiten sowjetischen Kosmonauten wurden zwei Kasachen in die Crews aufgenommen. Als nächster Flug nach unserem war einer mit zwei Kosmonauten aus der kasachischen SSR geplant. Doch dieses für 21. November geplante Unternehmen mußte aus Kostengründen abgesagt werden. Auf die beiden Kasachen konnte man jedoch nicht verzichten, da sich die Startbasis in Kasachstan befindet und alle sowjetischen Versuche in dieser Republik stattfinden. Nun wurden dort Stimmen laut, die sagten, es sei ein Skandal, daß die Russen ihren ganzen Dreck in Kasachstan abladen, ohne einem Kasachen die Chance zu geben, selbst an einem Raumflug teilzunehmen. Und der übernächste Flug im März war bereits »ausgebucht«. Für diesen war ein deutscher Kosmonaut vorgesehen.

Um nun politische Mißtöne zu verhindern, beschloß man, die beiden Kasachen auf unsere beiden Crews aufzuteilen. Eine diplomatische Lösung – auf den ersten Blick. Doch man kann sich vorstellen, wie sehr sich Sergeij Avdeev freute, der bis zu diesem Zeitpunkt meiner Crew angehörte. Er war ziemlich niedergeschlagen, und mein Kommandant Alexander Wiktorenko hatte auch berechtigte Bedenken, da die Vorbereitungszeit für die beiden Kasachen denkbar knapp war.

Noch krasser war die Situation in der ersten Mannschaft: Alexander Wolkow, ein ebenso erfahrener wie intelligenter Kommandant, war strikt gegen diese Änderung. In einem

Blick in das Modul »Quant 2« der Raumstation.

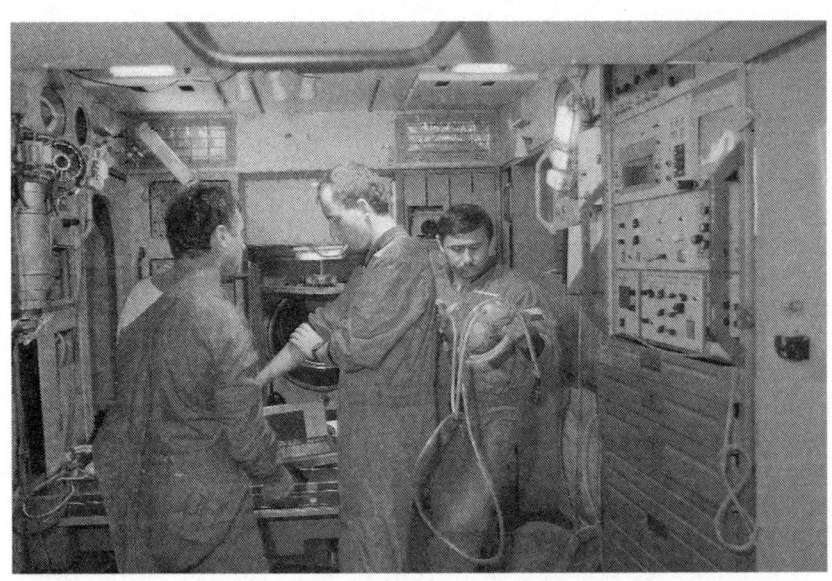

Die Reserve-Crew beim Training im Basisblock des MIR-Komplexes.

anderen Land, unter anderen politischen Voraussetzungen hätte er sich wahrscheinlich mit seinen Argumenten durchgesetzt: »Die Sicherheit ist gefährdet«, sagte er bei einer Befragung. Und er begründete auch seinen Standpunkt. Doch die Angst, eine weitere SSR im Nationalitätenkonflikt zu verlieren, war stärker als diese logischen Bedenken.

Insgesamt waren acht Unterschriften notwendig, um den Crew-Wechsel rechtskräftig zu vollziehen. Schatalow, der Direktor des Sternenstädtchens und des Juri-Gagarin-Zentrums, behielt sich seine Entscheidung bis zum letzten Tag vor. Doch schließlich konnte auch dieser relativ mächtige Mann der dringenden Empfehlung von oben nicht ausweichen.

Alexander Kaleri, der bisherige Partner von Franz, wurde bereits zum sechsten Mal durch solche und ähnliche Entscheidungen im letzten Moment ausgebootet. »Es hätte mich ja gewundert, wenn ich mitgeflogen wäre«, sagte er traurig. »Doch es ist besser, wenn ich den Mund halte. Sonst fliege ich überhaupt nie.«

Am selben Tag, an dem Alexander von dieser Entscheidung erfahren hatte, mußte er mit Franz und Sascha Wolkow noch einen vierstündigen Simulatortest in der Raumkapsel durchmachen. Er tat es, ohne auch nur ein Wort zu sagen. Von diesem Moment an war das Kapitel »2. Oktober« für ihn vergessen. Zum Abschluß wurde noch ein Fall mit dem Arbeitstitel »Feuer an Bord« simuliert. Die Kapsel fing im Orbit nach zwei kompletten Erdumrundungen an zu brennen und mußte schließlich irgendwo in Frankreich notladen. Vielleicht ein gutes Omen für Alexander: Denn auch zwei Franzosen befanden sich bereits im Zentrum in Ausbildung. Vielleicht würde er bei ihrem Raumflug einen Platz finden.

Ich fragte meinen Kommandanten, von wem die Entscheidung ausgegangen sei: »Von der Leitung des Raumfahrtszentrums?« – »Höher«, antwortete er. »Von der obersten Raumfahrtsbehörde der Sowjetunion?« – »Höher«, sagte er. »Vom zuständigen Ministerium?« – »Höher!« – Er zuckte mit den Schultern und ging. Ich hatte verstanden.

Ganz allgemein ist das Training im Simulator eine der wichtigsten Komponenten unserer Arbeit. Besonders in der Phase kurz vor dem eigentlichen Flug mußten wir wöchentlich im Simulator trainieren. Im Ausbildungszentrum stehen neben einem 1:1-Modell der Raumstation MIR auch noch Modelle der Landekapsel zum Training zur Verfügung. Im Grunde waren wir beide von dieser Art des Trainings begeistert, da einzelne Flugetappen naturgetreu nachgespielt werden. Und damit uns nicht langweilig wurde, wurden von den Instruktoren immer wieder verschiedene Probleme vorgegeben, die ein selbständiges Handeln der Kosmonauten erfordern. Man mußte mit dem Ausfall verschiedenster Bordsysteme rechnen und schließlich damit fertigwerden.

Die Mannschaften wurden also durch Tochtar Aubakirov und Tolgat Musabaev »fachgerecht ergänzt«, wie es offiziell hieß. Für uns bedeutete die neue Situation in erster Linie doppelte Arbeit. Während Wolkow und Franz mit dem großgewachsenen Aubakirov, der ausschaut wie Dschingis Khan, keine Probleme hatten, fiel meinem Kommandanten und mir die Arbeit bisweilen sehr schwer. Das ist ja auch kein Wunder: Bis zu diesem Zeitpunkt waren wir ein eingespieltes Team gewesen. Das Verständnis untereinander hatte zu diesem Zeitpunkt bereits fast mit geschlossenen Augen funktioniert. Von nun an mußten wir uns auf einen Fremdkörper einstellen, gegen den es menschlich zwar nichts einzuwenden gab, der jedoch in der Ausbildung nachhinkte. Ich mußte zugeben, daß ich zeitweise das Gefühl hatte, daß er die Dinge, auf die es ankam, nicht rechtzeitig lernen würde.

Und die theoretischen Auswirkungen der neuen Situation waren verheerend: Ich starb – wie man sagt – tausend Tode. Nicht aus Angst etwa, sondern in der gespielten Realität des Simulators: Raumschiff in der Umlaufbahn, die Situation ist ähnlich wie jene, die ich zuvor bei Franz geschildert habe. Doch diesmal brach kein Feuer aus – diese Übung hatten wir schon hinter uns. Nein, es stellte sich heraus, daß die Raumanzüge undicht sind. Das Trainingsziel lautete daher ebenfalls Notlandung.

Doch leider ging alles schief: Tolgat, der in so einer Situation auch in Wirklichkeit der wichtigste Mann wäre, werkte mit völlig untauglichen Mitteln für unser Überleben. Es ging alles viel zu langsam. Abgesehen davon, daß er die Funkanweisungen noch viel schlechter verstand als ich, der Ausländer an Bord. Nun, Kasachstan ist von Moskau wohl noch weiter entfent als Wien.

156

Ich hatte Verständnis für all das, denn auch für unsere neuen Partner war die Situation überraschend gekommen und seine Verunsicherung war groß. Er wußte, welche Verantwortung er zu tragen hatte. Doch bei allem Verständnis: Der Flug endete für alle drei Kosmonauten tödlich – zum Glück nur in der Theorie. Und was das schlimmste daran war: Es war nicht der erste Simulatortest ohne Happy End – und es sollte auch nicht der letzte bleiben. Übrigens hatte mich – ebenfalls nur theoretisch – als ersten das Zeitliche gesegnet.

Kurz nach meinem Tod traf ich Franz im Hof vor der Halle: »Jetzt hat er mich schon wieder abkratzen lassen«, schimpfte ich in äußerster Erregung und mit bitterem Ernst. Erst als Franz brüllend zu lachen begann, merkte ich, wie viel ungewollter Galgenhumor eigentlich in diesem Satz steckte.

FRANZ VIEHBÖCK

Vom Regen in die Traufe

Clemens ist zum Glück kein Kind von Traurigkeit. Mag sein, daß ich über Galgenhumor verfüge, doch das tut er auch. Mag sein, daß ich locker bin, doch in dieser Hinsicht übertrifft er mich wahrscheinlich sogar. Und gerade das ist bemerkenswert, denn er mußte die gesamte Ausbildung, die Strapazen und die Zweifel allein über sich ergehen lassen, während Vesna mit mir schon seit Jahresbeginn 1990, als wir ins Sternenstädtchen übersiedelten, an meiner Seite war. Natürlich war Clemens nur theoretisch allein, denn er ist ein Mensch, der sehr schnell Kontakt findet, der seinen Freundeskreis von Tag zu Tag erweiterte. Doch zumindest ich weiß den Wert einer Zweierbeziehung zu schätzen.

Vesna hatte vieles für mich aufgegeben. Sie war eine berufstätige Frau in verantwortungsvoller Position. Diese mußte sie aufgeben. Versuche, in Moskau »beruflichen Anschluß« zu finden, scheiterten aus begreiflichen Gründen. Eine Frau, die fest in ihrem Job verwurzelt gewesen war, mußte plötzlich das Leben einer Hausfrau der dreißiger Jahre führen, noch dazu fern der Heimat. Vesna stammt aus Rijeka in Kroatien. Und als in Jugoslawien der Bürgerkrieg ausbrach, machte sie sich verständlicherweise Sorgen um ihre Familie. Sie war von einem Krisenherd Europas in den anderen übersiedelt, wie sich bald herausstellen sollte. Vom Regen in die Traufe.

Vesna besorgte oft Blumen. Ein Symbol dafür, was sie wirklich tat: Aus einer grauen und eintönigen, altmodischen und unpraktischen Wohnung, in der ihr Sohn grundsätzlich im Dunkeln aufs WC gehen mußte, weil der Lichtschalter nur für Erwachsene in einer Höhe von fast zwei Metern angebracht war, machte sie ein gemütliches Heim, in dem ich mich mit ihr wohlfühlen konnte. Denn hier ist es nicht einmal leicht, eben Blumen zu besorgen. Zwar kann man sich von Freunden Ableger holen, doch dann wiederum gibt es

158

keine Blumentöpfe. Vesna bestand diesen Riesenslalom durch viele Unzulänglichkeiten und fuhr noch dazu eine Bestzeit nach der anderen.

Gemeinsam lernten wir eine völlig neue Dimension des Einkaufens kennen. Man kauft, was es gerade gibt. Irgendwann wird man es schon brauchen können. Vielleicht, wahrscheinlich aber nicht. Durch ihre herzerfrischend unkomplizierte Art beherrschte Vesna all die damit verbundenen Schwierigkeiten sehr bald. Sie freundete sich rasch mit den übrigen Bewohnern an und schaffte es, unsere Wohnung in relativ kurzer Zeit »europäischen« Verhältnissen anzupassen. Viele gemeinsame Freunde haben wir ihrer Initiative zu verdanken.

Alle Tests im Rahmen der Ausbildung hatten mich als »psychologisch gefestigten« Menschen ausgewiesen. Daher könnte ich jetzt mit unangemessener Überheblichkeit sagen: Ich hätt's auch allein schaffen können. Abgesehen davon, daß das gar nicht stimmen muß – Konjunktive sind immer sehr schwer zu überprüfen –, weiß ich, daß ich in einem Punkt gar nicht einmal denken möchte, was gewesen wäre, wenn Vesna nicht mit mir gelebt hätte: Dank ihrer Kochkünste hätte ich vermutlich sogar zehn Jahre Ausbildung auf dem Mond für einen Flug zum Jupiter durchgestanden! Wenn die Leute im Supermarkt Schlange standen, gab es bei uns herrlich duftende Pizza, wenn man in der Werkskantine des Gagarin-Zentrums die letzten Schlieren des Krautsalats hinunterwürgte, servierte sie mir und einigen Freunden Rindsbraten mit frischem Gemüse. Während sich russische Soldaten ihre Flachmänner mit irgendwelchen vodkaähnlichen Spirituosen gegenseitig füllten, tischte Vesna ein Gläschen wohltemperierten Grünen Veltliner zu den grünen Bandnudeln mit Broccoli und Pilzsauce auf. Wie sie es machte, wo sie die Sachen herzauberte, ist mir teilweise ein Rätsel geblieben.

Daß die Liebe bei mir nicht nur durch den Magen ging, dafür sorgte schon allein ihr sonniges Gemüt. Und aus diesem Grund war ich natürlich ein wenig traurig, als sie viele Wochen vor dem Flug gemeinsam mit Adrian, ihrem sechsjährigen Sohn aus erster Ehe, zurück nach Österreich mußte, weil wir ein Kind erwarteten, das es offensichtlich etwas zu eilig hatte. Ich muß dem Genossen Gorbatschow für seine »Transparenz« danken, denn die Möglichkeit, von Moskau nach Wien und umgekehrt direkt wählen zu können, machten, uns das Leben und den Abschied relativ leicht. Wir telefonierten sehr oft miteinander, fast täglich, manchmal sogar mehrmals am Tag.

Auch »Kiko«, unsere kleine, hellbraune Straßenmischung, hatte Vesna mit nach Wien nehmen müssen. Erstens hatte ich ja keine Zeit, mich um den Hund zu kümmern, zweitens war er von einer rätselhaften Krankheit befallen, die wir bei einem österreichischen Tierarzt wohl besser behandelt wußten als hier in der Sowjetunion, wo selbst die »Humanmedizin« diesen Namen nur mit Nachsicht aller Taxen verdiente. Außerdem war der kleine »Flaffi«, unser reinrassiger Cockerspaniel, bereits an dieser Krankheit, die unter normalen Umständen wahrscheinlich völlig harmlos ist, gestorben.

Die Russen sind im allgemeinen große Hundefreunde. Diese Eigenschaft haben sowohl Vesna als auch ich mit ihnen gemeinsam. Und so kauften wir uns gleich in den ersten Tagen auf dem »Vogelmarkt« einen jungen Mischling. Er konnte zwar nicht fliegen, doch »Vogelmarkt« ist auch nur die wörtliche Übersetzung für den Moskauer Tiermarkt.

Als ich am nächsten Tag fröhlich pfeifend zum Unterricht radelte, erzählte ich einem meiner russischen Kollegen nach der täglichen Händeschüttel-Prozedur, daß ich am Vortag um zwanzig Rubel einen Hund erstanden hatte. »Einen Straßenköter!« schimpfte mein Kollege empört. »Und darauf bist du auch noch stolz?« Ich kapierte seine Entrüstung nicht im geringsten und ging. Wenig später erzählte ich von meinem günstigen Kauf einem anderen Kosmonauten und fragte ihn gleich, warum sich unser Kollege wohl bloß so darüber aufgeregt haben mochte. »Weil nur ein reinrassiger Hund ein echter Hund ist«, klärte er mich auf. Doch nicht ohne mich wissen zu lassen, was ich für ein Dummkopf wäre, 20 Rubel für eine Promenadenmischung auszugeben, wenn ich schon für 1.000 Rubel einen »echten Hund« bekommen hätte. »Kiko« ist ein guter Hund. In dieser Meinung ließen wir uns nicht beirren. Man muß ja nicht alle Ansichten der Menschen jenes Landes teilen, in dem man zufällig zu Hause ist. Denn auf der Straße wurde der kleine Kerl verächtlich angeschaut.

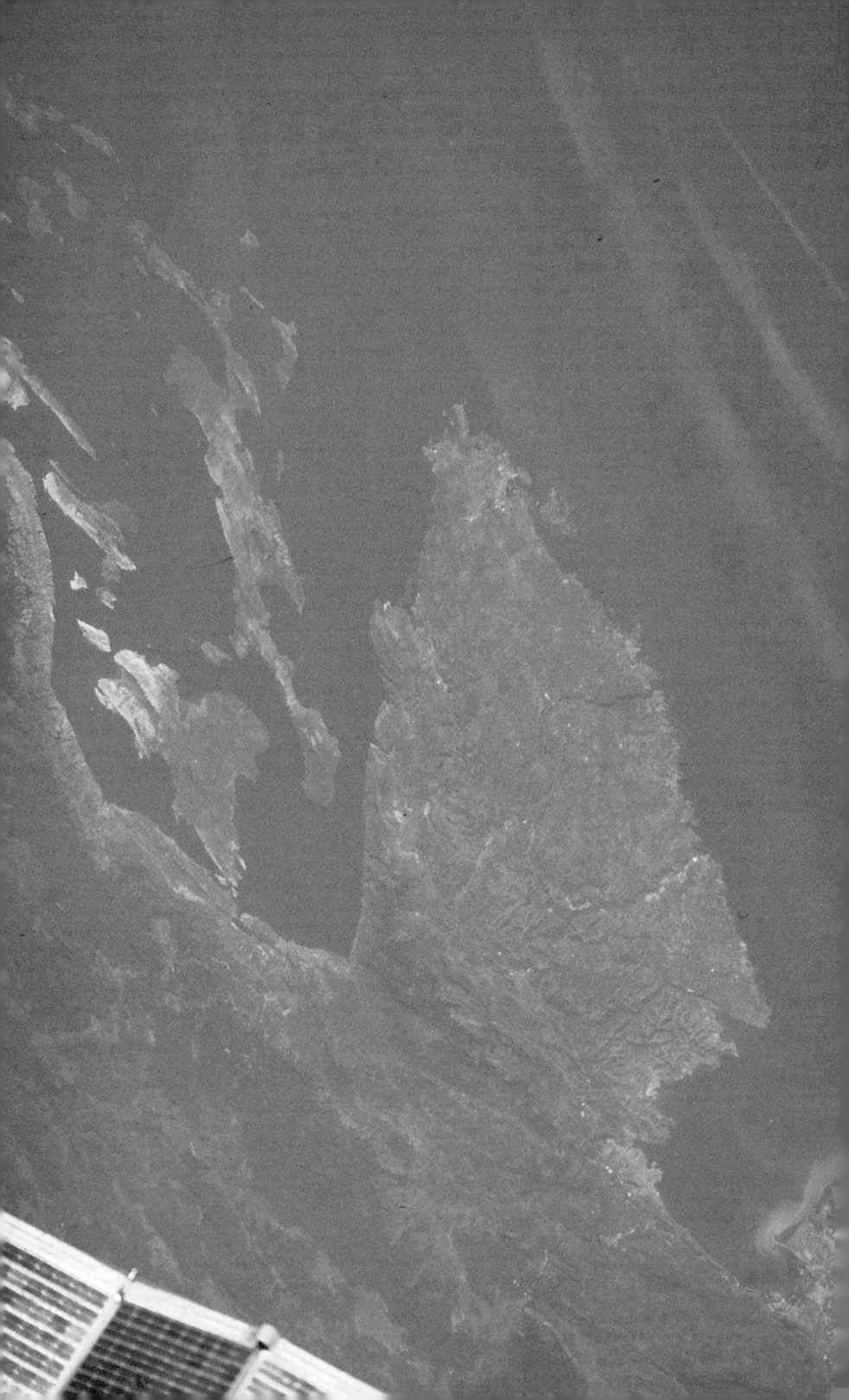

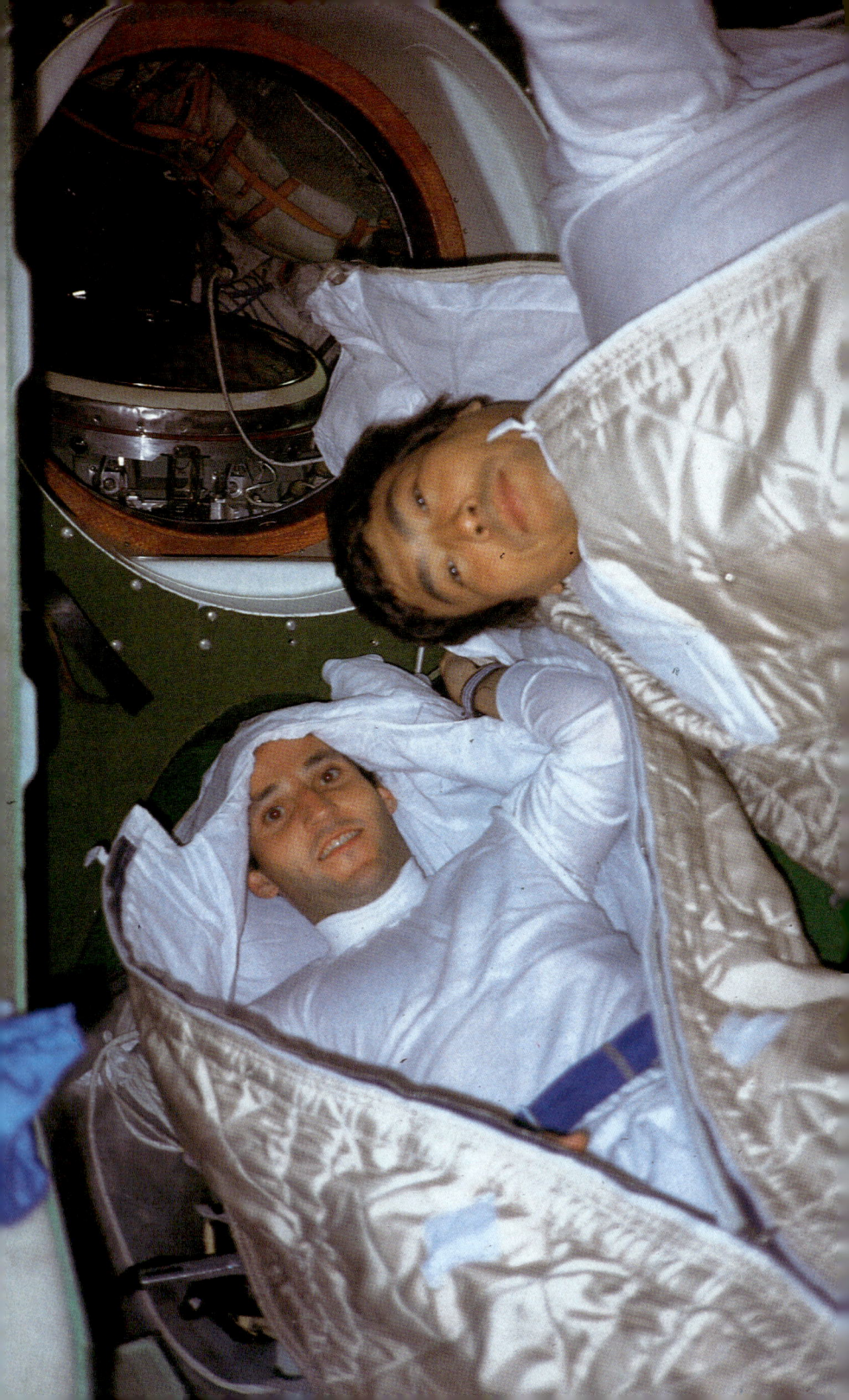

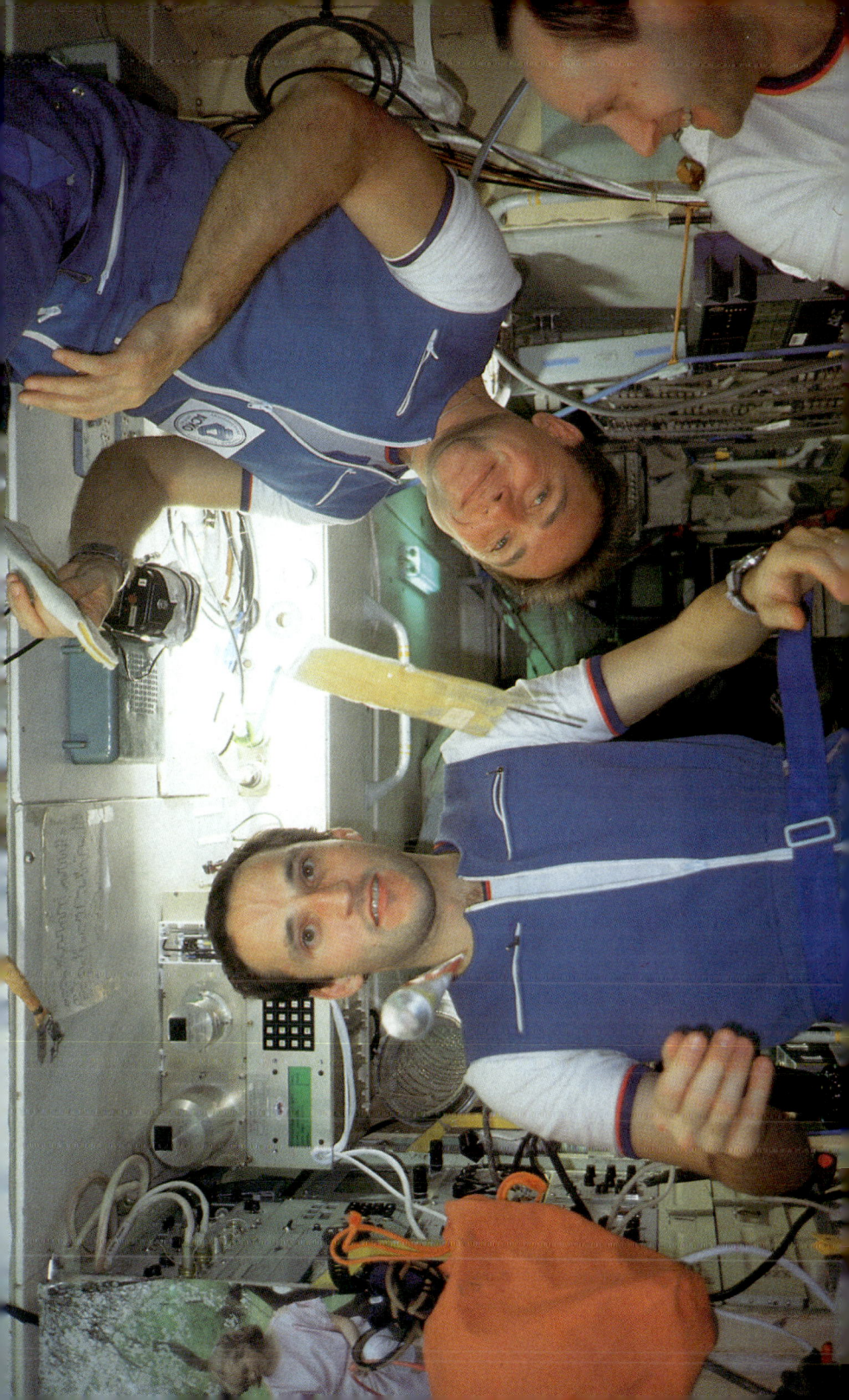

Doch der Zufall wollte es, daß wir ein halbes Jahr danach auch als Hundebesitzer ernstgenommen wurden. Auf dem »Vogelmarkt« verliebten wir uns beide in einen reinrassigen Cockerspaniel. Da man in unserer grünen Wohngegend kein schlechtes Gewissen zu haben brauchte, wenn man mit zwei Hunden spazieren ging, überlegten wir nicht einmal fünf Minuten. 500 Rubel taten es übrigens auch, jedoch war der Verkäufer völlig empört, weil ich auf die Urkunden und Medaillen der Eltern des Hundes nicht den geringsten Wert legte.

Irgendwie verstehe ich seine Entrüstung, denn der Ordenskult setzt sich in diesem Land auch bei den Tieren fort: Die alten Hunde sitzen auf dem Tiermarkt mit ihren Jungen im Körbchen, die mit Medaillen verziert sind. Das erinnert ein bißchen an den Aufmarsch sowjetischer Generäle zu Breschnews Zeiten während der Parade am Jahrestag der Oktoberrevolution. Nur, daß die Hunde freundlicher dreinschauen, obwohl den honorigen Generälen in der Regel niemand die Kinder vor der Nase wegkaufte.

Jedenfalls waren wir mit einem Schlag wirkliche Hundebesitzer. Unser Ansehen im Sternenstädtchen stieg enorm. Der ehrenwerte »Flaffi« war allerdings furchtbar schlimm. Er schnüffelte in den Einkaufstaschen der Hausfrauen herum, zerkratzte ihnen die kostbaren Nylon-Strümpfe und stahl wie die diebische Elster. Immerhin stammte er ja vom »Vogelmarkt«. Doch er durfte Passanten zu Fall bringen, durfte Einkaufskörbe ausplündern und die Schnitzel als Beute nach Hause bringen. (Manchmal hatte ich den Verdacht, Vesna hatte den Kerl entsprechend abgerichtet, woraus sich erklären ließe, warum sie immer so köstliches und abwechslungsreiches Essen servieren konnte.) Doch Spaß beiseite, »Flaffi« hatte absolute Narrenfreiheit, wurde für seine Schandtaten auch noch gelobt, wie brav und lieb er nicht sei. »Kiko«, der mit dem »Räuberleben« absolut nichts am Hut hatte, der kleine, brave »Kiko« wurde hingegen schon von weitem verjagt und beschimpft, wenn er sich einer Einkaufstasche auch nur auf drei Meter näherte.

Wie ungerecht die Welt doch ist. Doch eine solche Strafe hat der schlimme, jedoch heißgeliebte »Flaffi« sicher nicht verdient: nämlich, daß er an einem Ekzem zu Grunde geht. Wir haben sehr um ihn getrauert. Unser »Kiko« ist uns, seit es nur noch ihn gibt, noch viel mehr ans Herz gewachsen. Auch ohne Stammbaum, dafür mit ordentlicher tierärztlicher Versorgung in Österreich. Dort hat er es gut, tröstete ich mich. Adrian wird schon mit ihm herumtollen. Freilich nur, wenn es seine Zeit zuläßt: Der junge Herr hatte im Herbst immerhin seinen ersten Schultag...

Ein Tag wie jeder andere: der 19. August 1991

Hunde, wollt ihr ewig leben. Irgendwie kam mir dieser Satz in den Sinn, als ich von den unglaublichen Ereignissen des 19. August 1991 erfuhr. Die Ausrottung eines alten, weil überholten und erfolglosen Systems hatte unter anderem dazu beigetragen, daß wir überhaupt an diesem Raumfahrtsprojekt teilnehmen durften. Und plötzlich stellt sich heraus, daß der alte Geist noch immer latent ist. Dabei haben wir in unserer »Oase« des Sternenstädtchens viel weniger von diesem Putsch mitbekommen als unsere Freunde und Verwandten in Österreich. Ich wage daher mit Sicherheit keine politische Analyse – das können andere besser. Doch die Eigendynamik, die dieser Umsturz entwickelte, war immerhin ganz beachtlich.

Für die Offiziere der Roten Armee im Sternenstädtchen läuteten an jenem »Roten Montag«, dem 19. August, um 6 Uhr früh die Alarmglocken. Ein kollektiver Weckruf im Dienste der Staatssicherheit, sozusagen. Ich hab' natürlich von all dem überhaupt nichts mitbekommen. Als ich dann um 9 Uhr wie gewohnt im Ausbildungszentrum erschien, fand dort gerade eine Versammlung statt. Ein Kommandant erteilte der in Reih und Glied angetretenen Kompanie Verhaltensregeln in Befehlsform. Ich kam mir ein bißchen fehl am Platz vor in kurzer Hose und T-Shirt auf meinem Mountain-Bike. Ich war es wohl auch...

Beim Betreten der Halle, in der sich der Simulator befindet, erzählte mir ein etwas verwirrter und durchaus aufgewühlter Kollege, daß Gorbatschow weg ist.

»Was heißt weg?« fragte ich besorgt. »Weg, krank, verschwunden«, antwortete er. Es sei Ausnahmezustand und ein Komitee zur Errettung der Staatssicherheit führe die Amtsgeschäfte der Regierung. »Und was soll jetzt passieren?« fragte ich. Mein Freund kam gar nicht dazu zu antworten. »Jetzt wird wieder Recht und Ordnung in diesem Land herrschen«, unterbrach ihn ein zufällig vorbeikommender, etwas älterer Offizier, der mich zwar nicht kannte, der aber meine Frage gehört hatte. Sein Gesicht spiegelte eine Mischung aus Süffisance und neu gewonnenem, patriotischem Selbstbewußtsein wider. Er war nicht der einzige. Ich bemerkte auch in den Reaktionen von anderen Zufriedenheit und Genugtuung.

Doch damit kein falscher Eindruck entsteht: Die überwältigende Mehrzahl der Menschen war bedrückt, entsetzt und niedergeschlagen. Vor allem die Frauen. Es flossen Tränen der Wut und solche der Verzweiflung. Doch einige Militärs in hohen Rängen empfanden die neue Situation als durchaus wünschenswert.

Mir war noch nicht klar, was wirklich passiert war. Zu Mittag kam ich nach Hause, schaltete den Fernsehapparat ein und stellte fest, daß auf allen fünf Kanälen das gleiche gesendet wurde: Ballett – »Schwanensee«. Vielleicht war es auch mehr ein Schwanengesang...

Erst am Abend wurde – ebenfalls in allen Programmen – die Pressekonferenz des »Komitees« ausgestrahlt. Gorbatschow ist krank, hieß es. Es gehe ihm nicht schlecht, doch seine Funktion könne er aus gesundheitlichen Gründen freilich im Moment nicht ausüben. Doch man bekam den Eindruck, die Situation sei vollständig unter Kontrolle. Alles sei ruhig, hieß es. Abgesehen davon, daß über einige Regionen der Ausnahmezustand verhängt werden mußte, wie man in einem unbedeutenden Nebensatz erfuhr. Unter anderem in Moskau, wie man noch lakonisch hinzufügte. Das war für mich das erste Indiz dafür, daß die Lage wirklich ernst zu sein schien.

Am nächsten Tag – im Sternenstädtchen schien alles seinen gewohnten Lauf zu nehmen – griff ich zum Telefon und rief den Militärattacheé der österreichischen Botschaft an. »Rudi, was ist los?« fragte ich erwartungsvoll. Und ich wurde nicht enttäuscht, obwohl er seine Nachricht verschlüsseln mußte: »Du, in Moskau ist es relativ ruhig«, sagte er, »aber das Soldatenohr ist Panzerrasseln gewohnt.« Von da an wußte ich in groben Zügen, was passiert war.

Noch im selben Augenblick wollte ich in Wien anrufen, doch ich überlegte es mir anders. Was ist, wenn man uns abhört? dachte ich und legte auf. Ein stalinistischer

Kälteschauer rutschte mir den Buckel runter. »Verdammt, wie kommen wir jetzt raus aus diesem Land?« fragte ich Franz rhetorisch. Er wußte freilich auch keine Antwort, doch gemeinsam erkannten wir, daß das eigentlich gar nicht das wichtigste ist. Was wird mit unserem Flug? Waren die zwei Jahre Ausbildung völlig für die Katz'?

Am Abend läutete sowohl bei mir, als auch im sechsten Stock, bei Franz, permanent das Telefon. Die Familie machte sich verständliche Sorgen um uns. An den besorgten Fragen erkannten wir, daß die Situation schlimmer sein mußte, als wir es bisher mitbekommen hatten. Denn bei uns war es nach wie vor vollkommen ruhig. So, als ob nichts geschehen wäre. Man hat uns zwar nahegelegt, nicht nach Moskau zu fahren, doch das war eigentlich alles.

Die Beschwichtigungspolitik fand am nächsten Tag ihre Fortsetzung. »Alles ruhig in Moskau«, dröhnte es aus dem Fernsehapparat. Auf den Straßen sei nichts los, alle Menschen seien wie gewohnt zur Arbeit gegangen, und die paar Betrunkenen, die auf der Straße versucht hätten, sich zu versammeln, wurden gebeten, doch bitte nach Hause zu gehen. In einem dieser berühmten Nebensätze teilte man uns beiläufig noch mit, daß für den Großraum Moskau eine komplette Ausgangssperre von 23 Uhr bis 5 Uhr verhängt wurde. Von da an wußte ich, daß vieles nicht in Ordnung sein konnte.

Nun, viel Zeit hatten wir nicht, um uns echte Sorgen zu machen. Am nächsten Vormittag saß ich wie gewohnt im Simulator. Theoretisch befand ich mich gerade in der Umlaufbahn, als ein ungewöhnlicher Funkspruch mein kosmisches Ohr erfreute: »Das Komitee ist auf der Flucht«, funkte uns die Bodenstation. Irgendwie gelang es nicht mehr, dieses Simulatortraining mit einer schulmäßigen Notlandung zu Ende zu bringen. Zum Glück befanden wir uns ja auf dem Boden der Realität. Es knallten die Korken, überall strömten Leute, ob uniformiert oder nicht, zusammen. Es floß der Sekt in Strömen, doch es flossen auch Tränen der Freude. Es feierten auch jene, die am Vortag noch recht zufrieden gewesen waren mit der neuen Entwicklung, die Gott sei Dank nur ein Strohfeuer gewesen war. Plötzlich jubelten alle, so als wären sie soeben höchstpersönlich auf die Barrikaden gestiegen.

Ich persönlich werde jedoch den Eindruck nicht los, daß sich die meisten der höheren Offiziere wohl in jede Situation blendend eingefügt hätten. Doch die überraschende Wende ist, so glaube ich, nur jenen jugendlichen Idealisten zu verdanken, die in Moskau protestiert hatten. Mag sein, daß sie durch ihr Verhalten einigen Soldaten die Lust nahmen, auf das eigene Volk zu schießen. Doch ich bin immer noch davon überzeugt, daß Befehle in diesem Land relativ kompromißlos ausgeführt werden.

CLEMENS LOTHALLER

»Willst du fliegen?«

Zwei Wochen vor dem Start flogen wir in getrennten Flug-
zeugen in die Stadt Leninsk. Der Urlaub, der uns nun bevorstand, nennt sich Quarantäne. Doch wie sich bald herausstellen sollte, wird auch dieser beängstigend strenge Begriff
in der Sowjetunion nicht ganz ernst genommen.
Das Erholungszentrum ist Sperrgebiet, doch viel kleiner
als das Sternenstädtchen. Strahlender Sonnenschein emp-
fing uns auf diesem Areal, und wir konnten den Swimmingpool und die Tennisplätze voll ausnutzen. Welch ein Unterschied zu Moskau, wo sich der russische Herbst bereits
langsam über die Stadt breitete. 25 Grad, T-Shirts, kurze
Hosen. Tatsächlich machte sich Urlaubsstimmung breit.
Doch schon am ersten Wochenende holte uns der Alltag
wieder ein: kein Wasser! Die Leitungen müßten für den Winter gerüstet werden, hieß es. Trotz dieses Mißstandes mußte
das Protokoll gewahrt werden: Die medizinische Kommission
kontrollierte die Hygiene unserer Haut. Durch diese Untersuchung soll die Entstehung von Mikroorganismen am
Körper ausgeschlossen werden. Inwieweit sich unsere Haut
ohne Wasser an die entsprechenden Richtlinien gehalten
hat, ist leicht vorstellbar...
Wenn man sich zwei Tage nicht waschen kann, wenn man
noch dazu einige Stunden am Tag Tennis spielt, dann kann
man sich den Grad der Sauberkeit an fünf Fingern aus-
zählen. Doch das größte Kuriosum war die Kontrolle der
Luftzusammensetzung in unseren Hotelzimmern, die natürlich auch ausgerechnet am zweiten wasserlosen Tag statt-
zufinden hatte. Die Toiletten waren am Überlaufen, nachdem man ja nicht einmal runterlassen konnte. Gut, nach
fast drei Tagen hatten wir endlich wieder Wasser. Mit diesbezüglichen Unzulänglichkeiten konnte man uns nach zwei
Jahren Rußland natürlich nicht mehr aus der Ruhe bringen.

Daß man einen österreichischen »Wahlrussen« wie mich trotz aller Erfahrungen noch schockieren kann, wollte man uns offensichtlich partout beweisen: Der berühmteste lebende sowjetische Raumfahrer Alexeij Leonov, der das Oberkommando über die in Flugvorbereitung befindlichen Kosmonauten hatte, verschwand von der Bildfläche. »Der ist auf die Jagd gegangen«, erzählte mir mein Kommandant Viktorenko. Daran wäre nichts auszusetzen, doch Leonov blieb gleich drei Tage lang auf der Pirsch, während die Wodkavernichter im Lager zum Halali bliesen. Das totale Chaos brach über uns herein. Alle Ärzte, Techniker und Offiziere fühlten sich in dieser Zeit unbeobachtet und ließen ihren unkontrollierten Trinkgewohnheiten freien Lauf. Es begann ein heilloses Saufgelage, wie ich es noch nie zuvor erlebt hatte. Nämlich wirklich noch nie, und das hat nach zwei Jahren Moskau einen gewissen Aussagewert. Sämtliche Vorräte, die man nach Leninsk geschafft hatte, wurden binnen kürzester Zeit vertilgt. Für den »sportlichen Höhepunkt« sorgten jene Kampftrinker, die sich mit Spirt, das ist 98%iger Alkohol, buchstäblich niederliterten. Dieses Zeug kann man nur trinken, wenn man sofort Wasser nachschüttet. Sonst würde man sich die Speise- und Luftröhre völlig verätzen.

Während unsere Kollegen systematisch ihr Bewußtsein auslöschten, fiel auch noch der Strom aus. An Training war nicht zu denken, weil sämtliche Geräte und Computer ebenso unbrauchbar waren wie unsere Kollegen. Nur die beiden Crews hielten sich zurück. Franz und ich waren die einzigen nüchternen Menschen auf dem gesamten Areal.

»Unter diesen Umständen pack' ich meine Koffer und flieg' sofort nach Hause«, sagte Franz zu mir, nachdem ihm bereits um acht Uhr früh der Chefarzt des Unternehmens sternhagelbesoffen auf dem Gang entgegengeschwankt war. »Denk dran«, antwortete ich, »dreißig Kilometer von hier wird gerade unsere Rakete zusammengebaut.Glaubst du, daß die Monteure in einem ähnlichen Zustand sind?« Franz verdrehte nur seine Augen und verschwand wortlos in seinem Zimmer. Der Humor war uns längst vergangen, wir überlegten ernsthaft, das Projekt Austromir abzubrechen.

Eine Woche vor dem Start: Leonov war von seinem Schützenfest zurückgekehrt, der Normalzustand im Camp wiederhergestellt. Frühstück im Hotel: Franz saß mir gegenüber und war käsebleich. Lustlos betrachtete er sein Frühstück und rührte es nicht an. Ich wollte ihn gerade fragen, was mit ihm los sei, doch er kam mir zuvor: »Willst du fliegen?«

Ich war perplex. »Ich hab' die ganze Nacht geschissen und gekotzt – mir geht es grauenhaft.« Man sah es ihm an. Doch ich hatte nicht viel Zeit über dieses, wenn auch etwas volkstümlich formulierte Angebot ernsthaft nachzudenken. Denn schon am Abend desselben Tages wurde ich von der gleichen Krankheit befallen.

Am nächsten Morgen waren genau sechs Leute infiziert. Es handelte sich ausgerechnet um die Mitglieder der beiden Crews. Wir hatten offensichtlich alle zuwenig Alkohol getrunken...

Just an diesem Tag begann die letzte große medizinische Untersuchung. Alle Ärzte wußten, daß alle Kosmonauten krank waren. Doch in den offiziellen Berichten durfte davon natürlich nichts stehen. Einer der Mediziner drückte auf meinen Bauch und sagte augenzwinkernd: »Deine Verdauung ist in Ordnung, oder?« – »Natürlich«, heuchelte ich schamlos, während mein Darm protestierend rumorte.

Das generelle Urteil der Kommission: Die beiden Besatzungen der Sojus TM-13 sind kerngesund.

Nach drei Tagen waren wir es zum Glück tatsächlich. Hätten wir uns an die Therapie der Ärzte gehalten, wären wir wahrscheinlich heute noch krank. Sie verordneten uns Melonen als Schonkost. Ich bin fast sicher, daß wir jedoch einem dieser »Früchterln« unseren Zustand zu verdanken hatten.

Die zweite, offiziell verordnete »Medizin« war jeweils ein Stamperl Wodka vor dem Mittag- und dem Abendessen. Zur Desinfektion hieß es...

Wir überstanden auch diese Roßkur. Das Unternehmen Austromir hatte eine weitere, schwere Vorprüfung erfolgreich überstanden.

Am zweiten Oktober wachte ich früher auf, als ich mir eigentlich vorgenommen hatte. Ich ging zu Franz ins Zimmer und fragte ihn: »Wie geht's dir?«

»Gut!« Das war's dann also. Clemens sprach die Frau Mama, ich flieg fort und du bleibst da.

Ich hatte ja lange genug Zeit gehabt, mich auf diese Situation psychisch vorzubereiten. Doch als wir wenig später mit getrennten Bussen zum Startplatz fuhren, als erstmals ein wirklicher Unterschied zwischen »Star-« und Ersatz-Crew gemacht wurde, und als schließlich Franz und seine Kollegen in die Raumanzüge kletterten, wir hingegen in Zivilkleidung tatenlos zuschauten, da empfand ich erstmals so etwas wie Trennungsschmerz. Zumal Franz und ich gerade in diesen beiden letzten Wochen in Leninsk echte Freunde geworden waren. Denn zuvor hatte sich das Konkurrenzverhältnis doch immer ein wenig auf unsere Beziehung ausgewirkt. Die Verabschiedung war dementsprechend herzlich, die Umarmung hätte unter Brüdern nicht kräftiger sein können. Ich hatte wohl glasige Augen, als mein Autobus umdrehte, seiner hingegen weiterfuhr. Und das kam bestimmt nicht vom Wodka...

Ich hatte eine zweijährige Ausbildung erfolgreich abgeschlossen. Doch erstmals wurde mir bewußt, daß ich mein Ziel eigentlich nicht erreicht hatte.

Der Bilderbuchstart, das traumhafte Wetter – all das war eben zu schön, um wahr zu sein. Zumindest für mich. Wenigstens wurde ich durch die ORF-Reportage ein wenig abgelenkt. Nachdem Franz die Umlaufbahn erreicht hatte, flog ich in entgegengesetzter Richtung zurück nach Moskau. Während die Sonne hinter dem Horizont verschwand sagte ich halblaut: »Franz, du hast es echt geschafft!«

Als ich noch am selben Abend in meiner Wohnung im Sternenstädtchen den Fernsehapparat aufdrehte, lief gerade die Aufzeichnung des Starts. Ich drehte sofort wieder ab, zog mich zurück und fühlte mich von Gott und der Welt verlassen.

Schon am nächsten Tag hatte ich mich wieder erfangen, der nächste »Moralische« erwischte mich erst wieder beim Andock-Manöver. Als Franz in die Raumstation kletterte, hatte ich einen Frosch im Hals und mußte meinen Co-Kommentar für das Fernsehen unterbrechen.

Gut für mein Selbstvertrauen war dann ein Gespräch mit Franz vom Kontrollzentrum in Kaliningrad aus. Um mit mir reden zu können, ließ er sogar einen offiziellen Dialog zwischen Aubakirow und dem kasachischen Präsidenten Nasabaiew unterbrechen. Franz hatte kurz zuvor mit dem österreichischen Bundespräsidenten gesprochen und sein schönstes Hochdeutsch an den Tag gelegt. Unmittelbar danach begrüßte er mich mit einem von Herzen kommenden: »Servas Oida!«

Der Countdown läuft

Ein großer Tag beginnt. Wahrscheinlich ist es der wichtigste in meinem Leben. Und wie beginnt er? Mit einem »Med-Osmotr«!

Die Ärzte übernehmen die Aufgabe des Weckers. Ich habe gut geschlafen – nicht optimal, aber zufriedenstellend.

21.600 Sekunden bis zum Start – oder besser: sechs Stunden. Die Untersuchung dauert nicht allzu lange. Man will ja schließlich niemanden verunsichern. Eine normale Dusche reicht an diesem außergewöhnlichen Tag nicht: Wir werden auch mit Alkohol gewaschen, um zu vermeiden, daß irgendwelche Krankheitserreger oder andere Hygienerisiken mit auf die lange Reise genommen werden.

Zwischendurch oder etwas später, unmittelbar vor dem Frühstück, muß man einem unwiderstehlichen Drang Folge leisten: Der Eineinhalb-Liter-Einlauf vom Vorabend macht sich noch einmal kräftig bemerkbar. Allerdings war der Einlauf so gründlich, daß man dann wenigstens gleich für zwei Tage Ruhe hat. Im Regelfall geht jeder Kosmonaut erst nach dem Andocken in der Raumstation auf die »große Seite«. Mag sein, daß die Erlebnisse auf dem »Stillen Örtchen« für einen Außenstehenden nicht besonders interessant sind, doch bei einem Raumflug erlangen sie ungeahnte Bedeutung. Man will jedenfalls mit allen Mitteln verhindern, daß man während der Flugphase die Toilette aufsuchen muß. Der menschliche Vorgang ist für alle Beteiligten sehr unangenehm, wenngleich auch alle Einrichtungen dafür vorhanden sind.

Noch 18.000 Sekunden.

Wir sitzen beim Frühstück. Jeder versucht natürlich besonders lässig zu sein, doch keinem gelingt es, die Aufregung vor den anderen geheimzuhalten. Ich hoffe, man hält mich nachher nicht für einen Angeber: doch ich bin tatsächlich weniger nervös als vor dem Start meiner englischen Kollegin Helen. Und ich erinnere mich an die Worte von Alexander

172

Wolkow als ich ihm zum ersten Mal begegnete. »Ich würde viel lieber selber mitfliegen...«

Was ich esse, ist mir ziemlich egal. Es soll schließlich ein Frühstück wie jedes andere sein. Abgesehen davon versuchen wir so wenig wie möglich zu trinken, um nicht doch noch während der Startphase ein »menschliches Manöver« auszulösen.

Noch 16.000 Sekunden.

Treffpunkt im Zimmer des Kommandanten der ersten Crew. Alexander Wolkow erhebt das Glas auf einen gelungenen und erfolgreichen Flug. Der Champagner ist zwar symbolisch, enthält aber trotzdem Alkohol. Ich bezweifle jedoch, daß man diese Erkenntnis in der Sowjetunion schon gewonnen hat. Wir stoßen an und dürfen sogar trinken. Ein alter Brauch.

Noch 14.500 Sekunden.

Drei Autobusse fahren vor. Meine Crew und ich steigen in den ersten, Clemens mit seiner in den zweiten. Im dritten werden Journalisten, Fotografen und Kameraleute vom Fernsehen zum Startgelände gebracht. Wir erleben einen herrlichen Sonnenaufgang. Dieser ist das letzte eindrucksvolle Erlebnis auf der Erde.

Noch 13.500 Sekunden.

Erste Station ist ein riesiges Gebäude, in welchem die Rakete zwei Tage vor dem Start zusammengebaut wurde. Doch jetzt steht sie natürlich längst auf dem Startplatz. Wir steigen aus, um uns die Raumanzüge anzuziehen.

Diesmal noch mit fremder Hilfe – zum letzten Mal für die nächsten acht Tage.

Noch 12.000 Sekunden.

Die Raumanzüge werden auf ihre Dichtheit geprüft. Ein Vorgang, den wir schon oft über uns hatten ergehen lassen müssen.

Noch 11.000 Sekunden.

Wir sind bereits isoliert. Man will mit allen Mitteln verhindern, daß einer von uns noch im letzten Moment von irgend jemandem angesteckt wird. Hinter einer Glasscheibe sitzen wir den Journalisten gegenüber. Die letzten Fragen sind kurz und bündig, die Antworten eher nichtssagend. Es gibt auch praktisch nichts, das man nicht schon vorher bei einer anderen Gelegenheit gesagt hat. Höchstens: »Ja, ich bin aufgeregt.« Oder: »Nein, ich habe mich selten so ruhig gefühlt.« Ein Blitzlichtgewitter. Ich habe den Eindruck im Mittelpunkt des Weltgeschehens zu sitzen, obwohl mir innerhalb von Sekundenbruchteilen all die schrecklichen Kriege, die unser Jahrzehnt erschüttern, durch den Kopf gehen. In Vesnas Heimat werden noch immer täglich Menschen umgebracht. Flüchtende Albaner ertrinken im Mittelmeer. Auch die Sowjetunion selbst ist nach wie vor ein Pulverfaß. Aber man kann doch angesichts all dieser Ereignisse nicht auf die eigene Aufgabe vergessen. Und vielleicht gelingt es bald, durch den Erfolg eines meiner Experimente, Menschenleben zu retten.

Umwelteinflüsse prallen von mir ab wie von einer Gummiwand. Die vielen Personen, die sich nun von uns verabschieden, tauchen nur mehr als Schlaglichter in meiner Erinnerung auf. Auch Bundeskanzler Vranitzky ist dabei – er wird verzeihen, daß ich weder ihm noch anderen Persönlichkeiten in diesen Sekunden die gebührende Aufmerksamkeit widmen kann.

Ich spreche zwar mit den Journalisten, doch meine Gedanken sind bei einer ganz persönlichen Pressekonferenz meiner Seele. Eine typische Folge der Aufregung: Gedankenfetzen zu allen möglichen Themen, dann wieder das Gefühl, enorm wichtig zu sein. Und schon im nächsten Moment kommt die Erkenntnis, doch nur einer von vielen zu sein, eben ein Kosmonaut, wie es vorher schon so viele gegeben hat. Und abgesehen davon: Was ist schon die Umlaufbahn im Vergleich zur unendlichen Weite des Universums? Es ist schön, diese Reise durch die eigene Gedankenwelt zu erleben.

Noch 10.000 Sekunden.

Der eigentliche Abschied. Die zweite Crew bleibt hier zurück. Die Glückwünsche sind einfach, doch sie kommen ganz tief aus dem Herzen, das spürt man: »Alles Gute«, höre ich ein paarmal. Und: »Mach's gut« – das war Clemens –, das letzte deutsche Wort für acht Tage, denke ich, doch dann wird mir bewußt, daß ich sicherlich mit ihm oder jemand anderem von der Raumstation aus Kontakt haben werde.

Noch 9.000 Sekunden.

Offizielle Verabschiedung. Auch Offiziere, Generäle und bisherige Chefs dürfen uns nur noch durch die Glasscheibe sehen. Wir steigen in den Bus. Es kommt mir fast vor, als würde ich schon im Raumschiff sitzen. Ich taste nach dem Sicherheitsgurt und finde ihn nicht. Jetzt muß ich über mich selbst lachen. Der Busfahrer läßt den Motor an. Die letzten Blicke in die Gesichter vertrauter Menschen. Der Bus setzt sich in Bewegung.

Noch 8.000 Sekunden.

Noch einmal halten wir an. Während der psychische Druck ständig leicht zunimmt, dürfen wir jenen in unseren Harnblasen ablassen. Ein Ritual nimmt seinen Lauf: Wir stellen uns zu dritt neben den Bus... Naja, gegen den Bus eben. Das ist so üblich. Und als wir fertig sind, segnet Kommandant Alexeij Leonov unsere »Bustaufe« mit seiner eigenen »Urinprobe« ab. Danach fahren wir ohne weitere Unterbrechung zum gewaltigen Turm, in dem die Rakete eingezwängt ist.

Noch 7.200 Sekunden – zwei Stunden bis zum Start.

Wir steigen in den Lift, der direkt zur Einstiegsluke fährt. Ich erblicke eine Kamera und vertraute Gesichter dahinter und nütze die Gelegenheit, um meine Frau noch einmal grüßen zu lassen. Auf der Fahrt nach oben sehe ich in die Augen des Liftboys und denke nur: »Der hat's gut! Der kann wieder zurückfahren.« Ich hingegen lasse mich mit 100 Millionen PS in den Weltraum schießen, während meine Frau zu Hause ein Kind erwartet. Schlechtes Timing könnte man sagen, doch es ist recht angenehm, wenn die Natur auch in diesem, von der Hochtechnologie geschaffenen Rahmen noch ein entscheidendes Wörtchen mitzureden hat. Vesna wird sich wohl den Start noch im Fernsehen anschauen, doch ich glaube kaum, daß sie ihre Wehen danach noch viel länger zurückhalten wird können.

Zum Glück gelingt es mir, völlig abzuschalten. Denn jetzt gibt es kein Zurück mehr – und ich bin froh darüber. Ich bin als erster an der Reihe. Es ist üblich, daß der Wissenschaftskosmonaut als erster in der Kapsel Platz nimmt. Unmittelbar nach mir folgt Tochtar Aubakirow, der die Rolle des ausgebooteten Bordmechanikers übernehmen mußte. Und schließlich steigt Alexander Wolkow in das Raumschiff. Für ihn ist dieser Vorgang schon Routine. Es ist sehr beruhigend einen Mann mit seiner Erfahrung in der Nähe zu haben.

Die Gurte werden sofort, nachdem wir in unseren Liegesitzen Platz genommen haben, festgezogen. Das hat einen besonderen Grund: Das Rettungssystem ist bereits eingeschaltet. Sollte es also zu einem Unfall kommen, so kann die Kapsel schon jetzt abgesprengt werden. Schon einmal hat dieser Mechanismus einer Crew das Leben gerettet, als es – vermutlich durch ein schadhaftes Treibstoffventil – zu einem Zwischenfall kam. Die Rakete begann zu brennen, die Kapsel wurde abgesprengt, die Rettungsdüsen brachten sie in sichere Entfernung von der in Flammen stehenden Startvorrichtung, der Fallschirm ging auf, und die Kosmonauten gelangten sicher und unverletzt auf die Erde zurück.

Ich versuche jetzt trotzdem nicht mehr an diesen Vorfall zu denken. Und ich habe auch gar keine Zeit dafür. Die Arbeit verläuft genau wie im Simulator, und durch die vielen verschiedenen Handgriffe merke ich auch rein psychologisch kaum Unterschiede zum Training.

Noch 6.000 Sekunden.

Wir haben längst damit begonnen, die verschiedenen Bordsysteme zu testen. Diese Arbeit ist sehr intensiv und erfordert vollste Konzentration von allen Beteiligten. Und das sind nicht nur die drei Kosmonauten, sondern auch die Leute in der Bodenstation. Jedes noch so unbedeutend erscheinende Lämpchen, jeder Hebel, jeder Druckknopf wird überprüft.

Noch 3.000 Sekunden.

Früher als erwartet haben wir die Arbeit beendet. Ich erhalte die Möglichkeit, mit meinem Vater, meinem Bruder und meinem Neffen noch einmal zu sprechen und muß gestehen, daß ich mich während dieser Augenblicke in der Rolle des Hauptdarstellers sehr wohl fühle. Die Angehörigen sind in solchen Situationen wirklich nicht zu beneiden.

Noch einmal müssen wir unsere Raumanzüge auf Dichtheit prüfen. Dieser Vorgang braucht wiederum seine Zeit, da zuerst die notwendigen Druckverhältnisse hergestellt werden müssen.

Noch 300 Sekunden.

Die Vorbereitungsarbeiten sind von uns aus längst beendet. Jetzt können wir uns ganz auf das im wahrsten Sinne des Wortes erhebende Ereignis konzentrieren.

»Ich spüre meinen Puls schlagen«, sagt Tochtar Aubakirow

aufgeregt. Zu meiner Überraschung bin ich selbst überhaupt nicht nervös.

Noch 60 Sekunden.

Jetzt ist sie da, die Aufregung, die Nervosität – aber wieder nicht bei mir, sondern bei Sascha Wolkow, dem Kommandanten. »Burschen, was ist los?« frage ich provokant, um meinen Kollegen die Spannung zu nehmen. »Ändern können wir jetzt ja doch nichts mehr. Wenn's los geht, geht's eben los.«

Noch 30 Sekunden.

Messungen ergeben, daß meine Pulsfrequenz mit Abstand am niedrigsten ist. Trotzdem kann man die Anspannung nicht nur selbst spüren, man kann sie auch hören: in den Stimmen der Leute des Bodenpersonals. Ab und zu spürt man leichte Vibrationen. Doch diese Erschütterungen sind keineswegs beängstigend.

10 ... 9 ... 8 ... 7 ... 6 ... 5 ... 4 ... 3 ... 2 ... 1 ... Null – Zündung.

Die Erde scheint zu beben, doch wir sind gut eingestellt auf dieses Elementarereignis. Mit lautem Getöse erhebt sich die Rakete, die enorme Beschleunigung ist schon nach wenigen Augenblicken spürbar, die g-Belastung wird immer stärker. Und wenn ich schon im Lift geglaubt habe, daß es kein Zurück mehr gibt, so bin ich jetzt davon überzeugt. Man wird mit voller Wucht in die Sitze gepreßt. Dieses Gefühl unterscheidet sich nicht im geringsten von den Übungen in der Zentrifuge.

Die Startzeit der Sojusrakete war aus der Position der Raumstation errechnet worden. Die Flugbahn der Station mußte während des Starts ebenfalls durch Baikonur führen. Dadurch befinden sich Station und Raumschiff auf einer Ebene. Diese Tatsache ermöglicht uns ein ökonomisches Andockmanöver. Die erste und die zweite Stufe der Rakete sind gleichzeitig gezündet worden. Die erste, die aus vier kegelförmig angelegten Tankblöcken besteht, wird nach 118 Sekunden abgesprengt.

Jetzt befinden wir uns in einer Höhe von 49 Kilometern. Hier erlebe ich meine erste unliebsame Überraschung. Für einige Augenblicke fühle ich mich bereits schwerelos, was offenbar mit dem Schubverlust zusammenhängt. Das ist zu früh, denke ich, da kann doch etwas nicht stimmen. Erst als ich über Funk die Kommandos höre, daß alles nach wie vor in Ordnung sei, beschließe ich, mich nicht weiter darüber aufzuregen. Außerdem fällt mir auf, daß der erfahrene Sascha plötzlich die Ruhe in Person ist, und, als die Schubkraft der zweiten Stufe voll einsetzt, bin auch ich wieder restlos zufrieden.

Clemens erzählt mir später, daß die Zuschauer auf der Erde just in diesen Augenblicken einen kräftigen Adrenalinstoß hinnehmen müssen. Offenbar haben wir durch das Abtrennen der ersten Stufe und durch den Eintritt in eine etwas anders zusammengesetzte Luftschicht unseren Feuerschweif verloren und uns scheinbar in Rauch aufgelöst. Der wolkenlose Himmel über Kasachstan läßt es zu, daß man uns schier endlos lang nachschauen kann. »Es war eine Schrecksekunde, die mich verdammt an die Challenger-Katastrophe erinnerte«, berichtet Clemens nach der Landung.

Nach 47 weiteren Sekunden, in einer Höhe von 84 Kilometern, bekommen wir erstmals den beeindruckenden Horizont zu sehen, da die Seitenverkleidung der oberen Raketenhälfte, in der sich die Kapsel befindet, abgetrennt wird. Ich bekomme dieses Bild jedoch nur auf dem Monitor präsentiert, da meine Lage nur einen Blick in Richtung Kosmos ermöglicht.

Nun befinden wir uns bereits am äußersten Rand der Erdatmosphäre. Nach etwa 100 Kilometern ist diese endgültig zu Ende. Nach 288 Sekunden wird die zweite Stufe abgetrennt – wir haben inzwischen 167 Kilometer erreicht. Nach 526 Sekunden verlieren wir auch die dritten Stufe – so ist es geplant. Als auch nach 530 Sekunden noch nichts passiert ist, beginne ich nachzudenken. Doch ich kann den Gedanken nicht mehr zu Ende führen: Wir spüren einen Ruck, so als wären wir soeben mit dem Auto über eine Böschung in einen See gestürzt. Dieses »Elementarereignis« ist von einem lauten Knall begleitet. Doch das ist ein gutes Zeichen: Wir befinden uns in einer Höhe von 220 Kilometern und sind schwerelos. Alles rund um uns beginnt zu schweben, der Staub wird sichtbar. Willkommen im Orbit!

FRANZ VIEHBÖCK

Wo ist oben, wo ist unten?

»Schau ja nicht beim Fenster raus«, sagt Sascha. Ich halte mich an diese gut gemeinte Anweisung und versuche nur mit den Augen den Signalen auf den Instrumenten und dem Monitor zu folgen. Es ist ratsam, den Kopf nicht zu bewegen, denn schon während der ersten Erdumdrehung läuft man Gefahr, von der Raumkrankheit befallen zu werden.

Ich habe die Orientierung verloren. Wo ist oben, wo ist unten? Ich wage kaum daran zu denken. Denn das Gehirn ist durch die Schwerkraft daran gewöhnt, Richtungen zu unterscheiden. Man sucht nach Anhaltspunkten und findet sie nicht. Zwar sind wir noch in unseren Sitzen festgeschnallt, doch die Schwerelosigkeit ist bei jeder Bewegung spürbar.

Ein Blick in Saschas Gesicht verrät mir, daß sich seine Körperflüssigkeiten erst langsam der neuen Umgebung anzupassen beginnen: er ist knallrot. Schließlich gibt er das Kommando, die Sitze zu verlassen, um die Raumanzüge ausziehen zu können. Die Luke zum Versorgungstrakt wird geöffnet, ich schwebe nach oben. Ein unbeschreibliches Gefühl! Was sind alle Simulationen gegen diesen Zustand völliger Losgelöstheit? Doch schon nach wenigen Augenblicken fällt mir auf, daß die Schwerelosigkeit in dieser erdnahen Umlaufbahn nicht ganz meinen Vorstellungen entspricht: Sie ist nicht optimal, ich werde »nach unten« getrieben, kann meine angestrebte Position nur selten halten. Um diesem Geheimnis auf den Grund zu gehen, wage ich einen ersten Blick aus dem Fenster. Das hätte ich nicht tun sollen! Zwei Stunden Donauwalzer hätten mir keinen bösartigeren Drehwurm in den Kopf setzen können. Alles dreht sich, alles bewegt sich – wie im Prater. Ich weiß nicht, ob mir jemals zuvor so schwindlig war wie in diesem Augenblick.

Durch die Neuordnung meines Blutkreislaufes entsteht außerdem ein gewisses Völlegefühl, besonders im Kopf- und

Nackenbereich. Auf diese Situation bin ich jedoch bestens vorbereitet. Ich ziehe die Druckmanschetten an meinen Oberschenkeln fest. Schon nach wenigen Minuten tritt eine Besserung meines Zustandes ein. Jetzt können wir uns auf die erste Schlafpause vorbereiten, und es gibt keinen Grund, einen Wecker zu stellen. Wir haben Zeit – viel Zeit. Obwohl wir rund fünfzehn Tage an einem Tag erleben (eine Erdumdrehung dauert bei einer Geschwindigkeit von etwa 30.000 km/h zirka eineinhalb Stunden), überkommt uns Langeweile. Tochtar und ich klettern in unsere Schlafsäcke, Sascha sucht sich sein Plätzchen in der Nähe der Umstiegluke, um jederzeit sofort eingreifen zu können, falls unvorhergesehene Ereignisse eintreten. Doch er fühlt sich nicht gut, er hat sich in seiner Ecke festgekeilt und versucht sich so wenig wie möglich zu bewegen.

Erst am nächsten Tag – oder wie viele waren es – beginnen wir den Ausblick auf unseren Planeten zu genießen. Und ich erfahre auch, daß es seit gestern einen Menschen mehr auf der Erde gibt, an dem mir sehr viel liegt: Acht Stunden und 32 Minuten nach unserem Start hat meine Frau Vesna im Krankenhaus von Wiener Neustadt eine gesunde Tochter zur Welt gebracht.

Am 3. Oktober um 5.35 Uhr Bordzeit werde ich mit der freudigen Nachricht geweckt. Die Euphorie, zum ersten Mal Vater geworden zu sein, mengt sich mit den Einflüssen meiner außergewöhnlichen Situation. Alle Gefühle, die man nur haben kann, scheinen gleichzeitig über mich hereinzubrechen. Doch ein bißchen Wehmut ist auch dabei: Schließlich weiß ich, daß ich mein Kind erst frühestens in zwei Wochen sehen werde.

Das erste, das ich auf der Erde erkennen kann, ist der Nil. Auch Zypern und die Halbinsel Sinai sind klar auszunehmen. Das Erkennen Japans, der Fidji-Inseln, der Korallen-Inseln und aller übrigen wolkenfreien Gebiete stellt keine besonderen Ansprüche an die Phantasie. Zeitweise gleicht der Aufstieg von einer Umlaufbahn in die nächste einer Reise mit dem Finger über den Globus.

Als die Halbinsel Gibraltar vor uns auftaucht, sehen wir am Horizont bereits die österreichischen Alpen. Irgendwo dahinter liegt die kleine Carina Marie in ihrer Wiege und weiß weder etwas von mir noch von MIR. Doch eines weiß

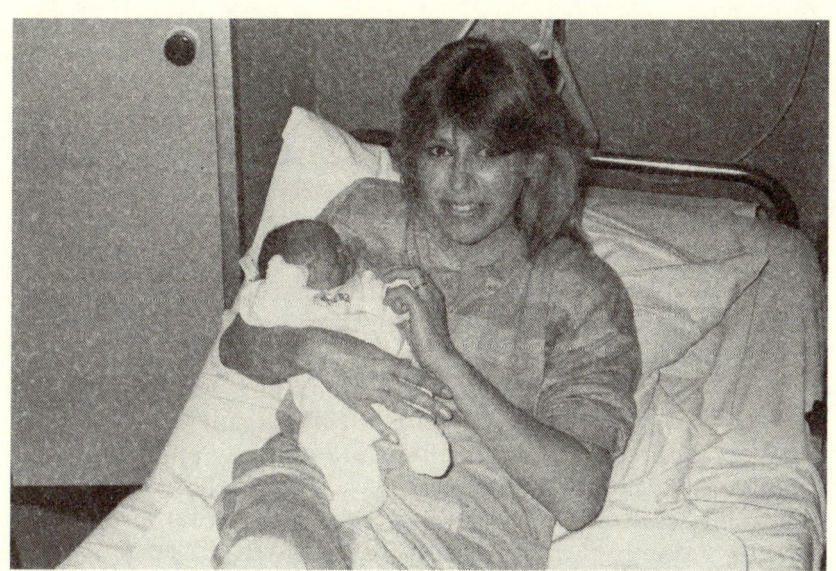

2. Oktober, 15.31 Uhr, Wiener Neustadt: Vesna Viehböck bekommt eine Tochter. Noch nie zuvor waren Eltern bei der Geburt eines Kindes so weit voneinander entfernt.

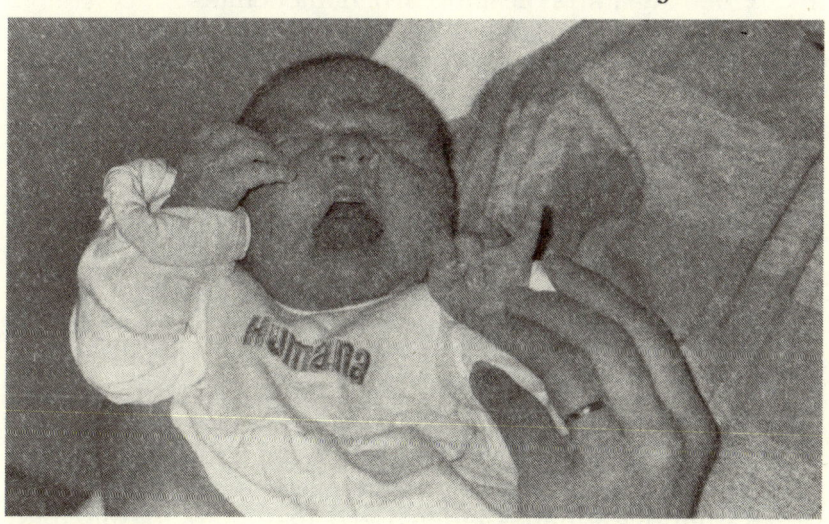

Carina Marie ist ein sehr lebhaftes Mädchen. Franz Vichböck durfte sie erst zwei Wochen nach der Landung in seine Arme nehmen. Zuvor hatte man ihm nur eine Videokassette von Mutter und Kind in die Raumstation überspielt.

ich: Wenn sie erst einmal ein bißchen größer ist, habe ich ihr eine Menge zu erzählen...

Das Blickfeld ist gigantisch, der italienische Stiefel ist in seinen Konturen exakt auszunehmen. Wie friedlich erscheint der Balkan doch aus dieser Höhe! Wie klein und unbedeutend sind die Menschen, die da unten gegeneinander Krieg führen. Zwar kann ich Rijeka, die Heimatstadt meiner Frau, nicht erkennen, doch eines ist klar: Es ist nicht einmal einen halben Daumensprung von Perchtoldsdorf enfernt. Und es gibt keinen geographisch ersichtlichen Grund, warum es an dem einen Ort friedlich und ruhig ist, während am anderen Menschen einander töten. Wieder ein Beweis dafür, daß sich die selbsternannten Herrscher über die Welt all ihre Probleme selber machen.

Der erste Sonnenaufgang, den ich erleben darf, hat Symbolcharakter: Noch nie habe ich etwas Schöneres gesehen! Und das just an dem Tag, an dem ich Vater geworden bin. Das tiefe Schwarz des Kosmos löst sich in verschiedene Blautöne auf. Der Horizont spiegelt alle nur erdenklichen Rot-Variationen wider. Und schließlich schießt die Sonne als weiße Kugel aus diesem Farbenspiel empor.

Das Nichtstun im Raumschiff wirkt mitunter lähmend. Ich freue mich auf jedes Korrekturmanöver, das notwendig ist, um in eine weiter entfernte Umlaufbahn zu gelangen. Spannend und interessant wird die Reise ins All erst in jenem Augenblick, in dem wir den Funkkontakt mit unseren Kollegen in der MIR-Station vertiefen.

Die erste Mahlzeit aus der Konserve beschert mir auch das erste »Aha-Erlebnis« mit der Schwerelosigkeit: Ich öffne die Dose, »stelle« sie vor mir auf den Tisch, sie hebt ab und beginnt sich zu drehen. Im selben Augenblick werde ich von der ganz normalen Angst eines Erdbewohners befallen, daß sich der Inhalt der Konserve über micht ergießen könnte. Doch zu meiner Überraschung passiert nichts.

Das Essen an Bord hängt mir schon nach kurzer Zeit zum Hals heraus: Ich kann mir gut vorstellen, daß man für künftige Raumflüge einen kleinen Herd installiert, damit man sich zumindest ab und zu einen heißen Tee kochen kann.

Erst am zweiten Tag hat Tochtar sein Erfolgserlebnis: Endlich gelingt es ihm, einem unwiderstehlichen menschlichen Drang zu folgen.

182

Der Sinn für Raum und Zeit geht langsam verloren. Und so orientieren wir uns am nächsten einschneidenden Ereignis: dem Andockmanöver. Eines ebenso kurzen wie schönen Tages, unmittelbar vor dem x-ten Sonnenuntergang, sehen wir sie: Glitzernd im letzten Abendlicht schwebt die Raumstation in einer Entfernung von etwa 90 Kilometern an uns vorbei – oder wir an ihr. Sie ist nicht nur ein anonymer Gigant aus blankem Metall, sie ist unsere Heimat für die nächsten acht Tage, unsere Insel im Weltraum, in der wir bereits sehnsüchtig erwartet werden.

Alles läuft nach Plan: Bei der Annäherung übt Sascha allerdings Selbstkritik: »Nicht optimal«, brummt er. Leichte Korrekturen sind notwendig, doch der eigentliche Andockvorgang gelingt wie im Bilderbuch. Nach dem Zusammenschluß der beiden Flugkörper müssen wir unser Raumschiff noch einmal auf seine Dichtheit überprüfen. Ich darf streng nach Protokoll den Anfang machen und durch die Luke schweben. Doch was ich zu allererst zu sehen bekomme, entspricht ganz und gar nicht dem Protokoll: das Bild einer nackten Frau! Einer der beiden »Hausherren« läßt es vor mein Gesicht schweben. Gelächter, ausgelassene Stimmung – eine Begrüßung von Herzen. Ich versuche mich in der riesig anmutenden Station zu orientieren. Sie wirkt viel geräumiger als das 1:1-Modell im Sternenstädtchen. Wir lassen uns Tee servieren, tauschen Erfahrungen aus und berichten den beiden Routiniers von unseren ersten Eindrücken.

Kaum beginnen wir uns wohlzufühlen, müssen wir zurück durch die Luke. Der Umstieg und die völkerverbindende Zeremonie der Begrüßung müssen für das Fernsehen nachgespielt werden. Wie ich nachher erfahre, soll ich bei diesem »action replay« ziemlich verschmitzt gegrinst haben. Vielleicht liegt das daran, daß ich keine Schauspielschule, sondern die Technische Universität absolviert habe.

Auch ein paar Tanzstunden vor dem Flug hätten mir recht gut getan, wie ich feststellen muß. Allerdings glaube ich kaum, daß ich eine Tanzschule gefunden hätte, in der man mir den Donauwalzer im schwerelosen Raum beigebracht hätte. Jedenfalls fliege ich zu diesen vertrauten Klängen mit der österreichischen Fahne in der Hand in die Raumstation ein.

Wenig später unterläuft mir ein »Verfahrensfehler«, der – wie ich später erfahre – in der Öffentlichkeit heftige Kritik auslöst: Aus lauter Übermut beginne ich vor der laufenden Kamera mit der österreichischen Fahne wie ein Fußballspieler zu gaberln. Abgesehen davon, daß ich mich dabei nicht besonders geschickt anstelle, wird mir leider erst, als es schon zu spät ist, bewußt, daß ich soeben ein Symbol mit Füßen getreten habe, was absolut nicht in meiner Absicht gelegen ist. Die Verantwortung für die 0:3-Niederlage unserer Fußball-Nationalmannschaft gegen Dänemark einige Tage danach muß ich jedoch entschieden zurückweisen! Wenngleich man mir erzählte, daß die Mannschaft eine geradezu »schwerelose Leistung« geboten haben soll. Zwar habe auch ich mir durch mein symbolisches Mißgeschick ein Eigentor geschossen, doch nach dem zweiten, dem offiziellen Umstieg vom Raumschiff in die Station, gelingt es mir sehr schnell, die Orientierung zu finden. Darin liegt der Unterschied.

»Fühlt euch wie zu Hause«

»Fühlt euch wie zu Hause«, sagte Anatoli Arzebarski, der anstelle von Sascha Wolkow mit Tochtar und mir nach acht Tagen zur Erde zurückkehren sollte. Und es fiel uns nicht schwer. Anatoli und Sergeij Krikaliow hatten ihr gemütliches Exil perfekt organisiert und sorgfältig aufgeräumt. Die Dinge des täglichen Gebrauchs waren gut geschlichtet und geordnet, sodaß wir mehr Platz als im Trainingsmodell auf der Erde zur Verfügung hatten.

Wir hatten nicht vor, Unruhe in diesen geordneten Haushalt zu bringen: Sergeij lebte bereits seit Mai in der Raumstation und mußte noch bis März 1992 oben bleiben.

Daß es sich bei diesem All-Abenteuer nicht um eine Vergnügungsreise handelte, wurde mir gleich nach dem gemeinsamen Abendessen bewußt: Kaum angekommen, mußte ich mit dem ersten Experiment beginnen. Es handelte sich dabei um Reaktionstests. Die erzielten Werte wurden mit jenen Daten verglichen, die ich zuvor bereits beim gleichen Experiment auf der Erde erreicht hatte. Ob das Ergebnis für die Experimentatoren nun eine Enttäuschung oder einen Erfolg darstellte, wagte ich nicht zu beurteilen. Jedenfalls stellte sich heraus, daß sich die Reaktionszeit in der Schwerelosigkeit nicht von jener auf der Erde unterschied, obwohl ich ziemlich müde war und einen leichten Druck im Kopf verspürte.

Diese Müdigkeit führte auch dazu, daß ich gleich in der ersten Nacht wie ein Bär schlafen konnte. Nachdem ich den Schlafsack festgebunden und den Kopf seitlich fixiert hatte, schlief ich sofort ein.

Als ich nächsten Morgen aufwachte – die Sonne war inzwischen gut zehnmal auf- und untergegangen – lernte ich die Annehmlichkeiten der Raumstation kennen. Rasieren, Zähneputzen ... alles kein Problem. Ich kann auch nicht behaupten, daß ich mich so fühlte, als wäre ich eben erst aus einem unglaublich schönen Traum erwacht. Das Leben in der Schwerelosigkeit wurde sehr schnell zur Realität, und langsam lernte ich auch die Tricks, wie man damit fertig wurde. Freilich bewegten sich die Routiniers Arzebarski und Krikaliow weit geschickter als ich. Auch Sascha hatte durch seine bereits absolvierten Raumflüge einen gewissen Erfahrungsvorsprung, doch besser als Tochtar kam ich immer noch zurecht. Er ist groß und bullig. Und wenn er seinem mächtigen Körper einen falschen Impuls gab, dann kam Leben in die Raumstation: Er polterte oft von einer Wand zur anderen und brachte eine Reihe von Gegenständen in Bewegung. Unter anderem die TV-Kameras und Fotoapparate.

Doch auch meine Versuche, festen Boden unter die Füße zu bekommen, scheiterten regelmäßig. Die Berührung des Bodens löste nämlich automatisch einen Impuls in die andere Richtung aus. Man hob also ab und mußte sich irgendwo abstützen. Schwebte man hingegen zwei Zentimeter über dem Boden, ohne diesen zu berühren, dann bekam man langsam ein Gefühl für oben und unten. Der Orientierungssinn improvisierte. Und schon bald konnte ich meiner geregelten Arbeit nachgehen, obwohl man freilich immer wieder lustige Überrschungen erlebte.

Das Modul D der Raumstation war beispielsweise gegenüber dem Modell auf der Erde um 180 Grad verdreht. Was also im Basisblock unten gewesen war, war dort oben und umgekehrt. Ich brauchte am Anfang immer ein paar Sekunden, um meinem Orientierungssystem Zeit zu geben, die Richtungen neu zu ordnen.

Durch die viele Arbeit hatte ich leider viel zu wenig Zeit, aus dem Fenster zu schauen. Doch das ich sehen konnte, hat mich restlos begeistert. Die Erde mußte man zuerst einmal suchen. Der Weltraum in seiner dunklen Pracht dominierte jeden Bildausschnitt. Doch wenn man schließlich den richtigen Blickwinkel gefunden hatte, dann erlebte man eine Galavorstellung der Natur. Ein Schauspiel, so alltäglich wie die Erde selbst – und doch außergewöhnlich für den Menschen. Farbenprächtige Sonnenuntergänge im Zeitraffer, welche die dünne und anscheinend auch verletzliche Atmosphäre sichtbar machten. Erst in strahlendem Blau, dann in dunklem Rot. Wolkenberge, die sich vom Wärmekreislauf und vom Wind zu blühenden Rosen formen ließen. Weiße

Blüten von unvorstellbarer Schönheit. Überall zuckten Blitze. Es verging keine Erdumdrehung, während der man nicht mindestens einen sah. Und dann, wenn der vielfältige Wolkenmantel den Blick auf die Erdoberfläche frei gab, begann man sofort, markante Eigenheiten der verschiedenen Kontinente zu orten. Ich hätte es vorher nicht für möglich gehalten, daß ich so viele Einzelheiten erkennen würde: Wien, Neusiedlersee, Bodensee – alles kein Problem. Das Wetter in Österreich während meiner Abwesenheit war im Prinzip gut. Dadurch gelang es mir, mit Hilfe der Flußläufe und Bergketten, meine eigene, ständig wechselnde Landkarte zu zeichnen.

So unverhofft faszinierend das Spiel mit dem Globus war, so enttäuschend war hingegen der Umgang mit den vermeintlich normalen Dingen des Alltags. Waschen und Duschen war praktisch unmöglich in der Raumstation. Zwar waren die entsprechenden Einrichtungen dafür vorhanden, jedoch verformte sich das Wasser sobald es freigesetzt war zu einer gallertartigen Masse, die in doppelter Hinsicht kaum zu fassen war. Der »Pudding« schwebte umher, teilte sich und floß wieder zusammen, wie es ihm beliebte, Wasserblasen setzten sich dort fest, wo man sie am wenigsten brauchte und schwebten andererseits davon, wenn man die Haut damit benetzen wollte. Zum Glück gibt es in Flüssigkeit getränkte Tücher, mit denen man trotzdem die notwendige Hygiene erhalten konnte.

Das Verhalten der Flüssigkeit in der Schwerelosigkeit zählte zu den interessantesten Erfahrungen, die ich während meines einwöchigen Aufenthaltes machen durfte. Allein der lebensnotwendige Vorgang des Trinkens wurde zum Erlebnis. Und das lag ausnahmsweise nicht an der Blume des Weines, der Würze des Bieres oder der Schärfe des Wodkas. Wenn man aus dem Wasserstutzen des Versorgungskanisters trank, mußte man zuerst sichergehen, daß man sich irgendwo festhielt. Tat man es nicht, so schwebte man beim ersten Versuch, die Lippen zu benetzen, von der durstlöschenden Quelle davon.

Wolkow darf bleiben

Die Zeit verging wie im Flug – sehr passend! Tatsächlich kam es mir durch die viele Arbeit und die unberechenbaren Wechsel zwischen Tag und Nacht so vor, als wäre ich nur wenige Stunden in der Raumstation gewesen. Andererseits überkam mich kurz vor dem Rückflug ein wehmütiges Gefühl, welches man normalerweise nur dann empfindet, wenn man einen geliebten Ort nach Jahren für immer verlassen muß. Das große Ereignis hatte in meiner Empfindung offenbar die Dimension der Zeit gesprengt. Ich bin davon überzeugt, daß jede Minute, die ich mit meinen vier sowjetischen Kollegen in der Raumstation MIR erleben durfte, in meiner Erinnerung zur Ewigkeit werden wird. Denn abgesehen von der harten und konsequenten Arbeit, die wir im Rahmen unserer Forschungsaufträge zu leisten hatten, führten wir einige bemerkenswerte Gespräche. Und auch die Gaudi kam nie zu kurz: bisweilen lief der »Schmäh« wie in g'standenen Stammtischrunden in einem Wiener Vorstadtbeisl – abgesehen davon, daß wir natürlich russisch redeten.

Als ich mich von Alexander Wolkow verabschiedete, empfand ich fast so etwas wie schlechtes Gewissen. Einen großen Teil der Ausbildung – vor allem die entscheidenden letzten Monate – hatte ich mit ihm gemeinsam absolviert. Jetzt durfte ich zurück zur Erde, er mußte hingegen bis März im Orbit bleiben. Nein, falsch: Ich mußte zurück – er durfte bleiben. Zum Glück warteten auf der Erde bereits meine Frau und meine neugeborene Tochter auf mich. Ich hatte also eine neue, mindestens ebenso reizvolle Aufgabe vor Augen, weshalb mir der Abschied nicht ganz so schwer fiel.

Außerdem stand uns der vielleicht gefährlichste Teil unserer Reise noch bevor. Viele unserer Kollegen hatten uns vor der Erschütterung bei der Landung schon gewarnt. Abgesehen davon waren so gut wie alle ernsten Unfälle der sowjetischen Raumfahrt beim Eintritt in die Atmosphäre oder danach passiert. Sollte ich jemals Angst gehabt haben, dann war sie inzwischen durch den reibungslosen, fast zu perfekten Ablauf der bisherigen Ereignisse vollständig gewichen.

Anatoli, Tochtar und ich zwängten uns also in die Raumanzüge und kletterten nach dem herzlichen Abschied von unseren Kollegen zurück in den Landeapparat. Nach dem Schließen der Luke überprüften wir sämtliche Einrichtungen auf ihre Funktionstauglichkeit, Raumanzüge und Kapsel auf Dichtheit und gaben der Bodenstation und den Kollegen im Basisblock schließlich das Kommando: »OK«.

Mit einem leichten Ruck dockte unser Raumschiff von der Station ab und befand sich zurück auf dem Weg zur Erde. Schon nach wenigen Augenblicken sah ich die Station in einem veränderten Winkel, wir hatten ständig Kontakt mit der Crew. »Entfernung 2,6 Kilometer«, teilte uns Sergeij mit. »Jetzt schaut zu, wie ihr allein fertig werdet!« Mag sein, daß sich in seiner Ironie auch ein wenig Sorge um uns versteckte. Wenngleich Anatoli lange Zeit in der Station verbracht hatte, so durfte man trotz allem die Tatsache nicht übersehen, daß es für jeden einzelnen von uns der erste Raumflug war. Drei Debütanten in einem Raumschiff – und alle waren fest davon überzeugt, daß nichts schiefgehen konnte.

Die Rückkehr zur Erde ist mit dem langen und bisweilen langweiligen Flug zur Raumstation nicht zu vergleichen. Die Entfernung zur Oberfläche unseres Planeten schrumpfte während einer einzigen Umdrehung um mehrere hundert Kilometer. Wir waren auf jeden einzelnen Schritt sehr gut vorbereitet. Kommandant Arzebarski agierte wie ein Routinier.

Als in einer Höhe von hundert Kilometern der Wiedereintritt in die Atmosphäre begann, bekamen wir noch einmal ein faszinierendes Naturschauspiel geboten. Wir befanden uns in der Rolle eines Meteoriten, der aus dem Weltraum kommend zufällig unseren Planeten trifft. Diese Fremdkörper landen jedoch höchst selten tatsächlich auf der Erde. In den meisten Fällen verglühen sie im Schutzmantel der Atmosphäre.

Um uns ein Meteoritenschicksal zu ersparen, ist die Landekapsel mit mehreren extrem hitzebeständigen Schichten überzogen. Diese verbrennen nur langsam, und, sofern der Winkel des Wiedereintritts in die Atmosphäre den Berechnungen entspricht, hält das Raumschiff dieser enormen Reibungsbelastung stand.

Schwarzblau, Dunkelblau, Himmelblau, Hellblau, Rosa, Rot, Orange. Das Farbenspiel vor unserem Fenster zeigte uns wie ein Thermometer an, was draußen passierte. Danach flogen die Funken, glühende Teile der Außenverkleidung lösten sich und wurden weggerissen. Es kam mir vor, als würde eine ganze Brigade von Stahlarbeitern mit Schweißbrennern über unser Raumschiff herfallen. Auch die Begleitmusik war entsprechend: Wir hörten ein ständig lauter werdendes Zischen. Die g-Belastung nahm zu. Doch nach acht Tagen in der Schwerelosigkeit empfand ich diese viel stärker, als sie wirklich war. Schon 1 g (laut Meßgerät) bedeutete ungewöhnlich hohen Druck, dabei hatten wir soeben erst jenes Gewicht erreicht, das wir auf der Erde ständig mit uns herumtragen.

Mit der g-Belastung stiegen auch die Vibrationen. Zwar spürte man die enormen Kräfte, die rund um uns frei wurden, doch der Wiedereintritt lief genauso ab wie ich ihn mir vorgestellt hatte. Ganz langsam, kaum merklich nahm der Druck zu. Ein sehr angenehmes Gefühl, das nichts Spektakuläres an sich hatte.

Auch 5 g empfand ich nicht als störend. Wir wurden zwar ein wenig durchgeschüttelt, doch schlimmer als eine Autofahrt auf russischen Straßen war dieses Gefühl auch nicht. Danach ließ die Belastung nach, die Flugbahn neigte sich in die Vertikale, und mit einem gewaltigen Ruck öffnete sich der erste Fallschirm.

Noch einmal stieg die Belastung an. Etwa sechzehn Sekunden lang drehte sich die Kapsel um eine senkrechte Achse. Dann spürten wir einen zweiten, noch viel stärkeren Ruck: Der Hauptfallschirm hatte sich geöffnet, jetzt konnte eigentlich nichts mehr schiefgehen. Der Hitzeschild wurde abgesprengt, wir atmeten erstmals seit mehr als einer Woche wieder Frischluft. Keine kernige Waldluft, wie man sich das vielleicht so vorstellen würde. Nein, es verbreitete sich viel mehr ein Geruch wie nach einem Silvester-Feuerwerk.

Druckanzeige und Höhenmesser waren die einzigen Kontrollgeräte, die wir jetzt noch ernsthaft verfolgten. Aus

Perfekte Landung der Sojus TM-12 am 10. Oktober 1991 um 5.12 Uhr MEZ bei Arkalik in Kasachstan.

Der erste Bergehubschrauber mit Clemens Lothaller an Bord war sofort nach der Landung zur Stelle.

191

meiner Position war die Erde nicht zu erkennen. Ich hatte das Pech unten zu liegen. Besser jetzt als nach der Landung, dachte ich.

»Seid ihr OK?« Den ersten Funkkontakt mit dem Bergehubschrauber empfanden wir als große Beruhigung. Pflichtbewußt gaben wir eine positive Antwort – dann war Funkstille. Warum die Besatzung nicht mehr antwortete, weiß ich bis heute nicht. Wir hörten erst wieder vor ihr, als wir nur noch 200 Meter über dem Boden waren.

In der Folge ging alles sehr schnell: Zünden der Bremsraketen unmittelbar über dem Boden, im selben Augenblick flog mir das Bordbuch aus der Hand. Die Kapsel schien wie ein Fußball über den Boden zu hüpfen, kurzfristig wußte keiner von uns, wo oben und unten war.

Dann war alles ruhig. Abgesehen von Tochtar. Er hatte den Schwarzen Peter! Der bullige Kasache lag unten. Er mußte nicht nur das Gewicht seiner Kollegen, sondern auch jenes aller möglicher Gegenstände aushalten und war vollkommen eingeklemmt. Für ihn war diese Landung mit Sicherheit am schmerzhaftesten. Ich kann verstehen, daß er beinahe in Panik geriet.

Nun war die Reihe an mir: Ich versuchte auszusteigen, doch es gelang mir nicht, die Gurte zu öffnen. Mein Repertoire an russischen Schimpfwörtern reichte nicht aus, um meine Verzweiflung zu dokumentieren. Die Konversation während der nächsten Minuten ist nicht druckreif.

Ein Gefühl von Landkrankheit überfiel mich. Alles schien zu schwanken. Dieses Schaukeln behinderte mich während des Versuches, die Luke zu öffnen, noch zusätzlich. Zeitweise kam es mir vor, als wären wir soeben im Meer gelandet. Doch das konnte nicht sein, wir waren über Südamerika planmäßig in die Atmosphäre eingedrungen. Damit mußte der Landeplatz zwangsläufig im asiatischen Teil der Sowjetunion liegen. An einen Zufall – etwa eine Landung im Baikalsee – glaubte ich nicht. Zumal der Seegang, der sich in meinem Kopf abspielte, auf keinem Binnengewässer der Welt so stark hätte sein können.

Ich erinnerte mich an das Winter-Überlebenstraining im Wald des Sternenstädtchens, bei dem Clemens, Jura und ich ganz ähnliche Probleme gehabt hatten. Die Kapsel war damals genau in der gleichen Position gelegen. Und schließ-

DR. PUTTNER & BSB

Er flog mit uns zu neuen Höhen:

Franz Viehböck. Der erste österreichische Kosmonaut. Er wurde unter härtesten Testbedingungen ausgewählt. Und obwohl unser Kosmonaut bei seiner Reise ins All eine andere „Fluglinie" verwendet hat, vertraut unser „weitestgereister" Passagier sonst auf Austrian Airlines. Wir haben unseren Austronauten sicher und bequem von Wien etliche Male nach Moskau gebracht und als Sponsor unterstützt.

Welcome To
AUSTRIAN

lich gelang es uns auch diesmal, die Luke zu öffnen. Beim Aussteigen hatte ich sehr starke Koordinationsschwierigkeiten.

Auf dem Weg zum Bergezelt mußte ich meine gesamte Konzentration aufwenden, um nicht zu stürzen. Dort angekommen, hörte das Schwanken abrupt auf. Nur der Aufprall der Kapsel, bei dem wir gehörig dureinandergewirbelt worden waren, saß noch als kleiner Schock in meinem Hinterkopf.

Trotzdem: Ich hatte es überstanden. Und die unsanfte Rückkehr zur Erde wich schon nach wenigen Minuten den schönen, einmaligen Erinnerungen. Diese überspielten selbst meine Erschöpfung. Was konnte ich mir an diesem Tag noch mehr wünschen? Die Vorfreude auf ein Kind, vielleicht. Nun, auch damit war mir ja gedient...

Das Ding aus der Hölle

Am Tag vor der Landung wurde ich vom Gouverneur des Gebietes um Arkalik in Nordkasachstan zur Jagd eingeladen. Nachdem wir mit drei schwarzen Wolgas durch die Stadt gerast waren und die Nacht in seiner typisch kommunistischen Bonzen-Villa verbracht hatten, kugelten wir um vier Uhr früh bereits etwas betrunken in der kasachischen Steppe herum. Jedem von uns hatte man eine Schrotflinte in die Hand gedrückt. Doch während Dr. Huber und ich an den über uns hinwegziehenden Wildgänsen mit voller Absicht vorbeischossen, ballerten unsere sowjetischen Kollegen muter drauf los. Weiß Gott wofür! Doch in einem Land, in dem man vom Hubschrauber aus Wölfe jagt und die Kadaver danach nicht einmal eingesammelt werden, darf man sich über so etwas nicht wundern – nur ärgern...

Am nächsten Tag kontrollierte ich die Passagierlisten für die Bergehubschrauber und stellte mit Schrecken fest, daß ich für keinen der sieben Maschinen vorgesehen war. Gegen diese Listen ist man machtlos. Ich änderte meine Taktik: List statt Liste. Mit einigen Dosen Bier ausgerüstet, kletterte ich einfach in den Hubschrauber Nummer 1 und versteckte mich hinter dem Vorhang. Erst als der Helikopter bereits in der Luft war, kam ich aus meinem Versteck und gab der Mannschaft – ich kannte fast alle – das Bier. Der Kommandant murmelte etwas von »blinder Passagier«, doch landen wollte er wegen mir nicht.

Über den Wolken empfingen wir erstmals das Peilsignal der Raumkapsel. Wir folgten diesem akustischen Lockruf. Kurz danach befand sich die Kapsel genau über uns. Ich machte den Kommandanten darauf aufmerksam, daß in wenigen Sekunden der Hitzeschild abgesprengt werden müßte. Hätte dieses Riesending den Hubschrauber getroffen, so wäre er mit Sicherheit abgestürzt. Den Kommandanten störte meine freundliche Warnung nicht im geringsten.

Das »Ding aus der Hölle« ist gelandet. Arzebarski, Viehböck und Aubakirow haben den schwierigen und kräfteraubenden Ausstieg bereits hinter sich.

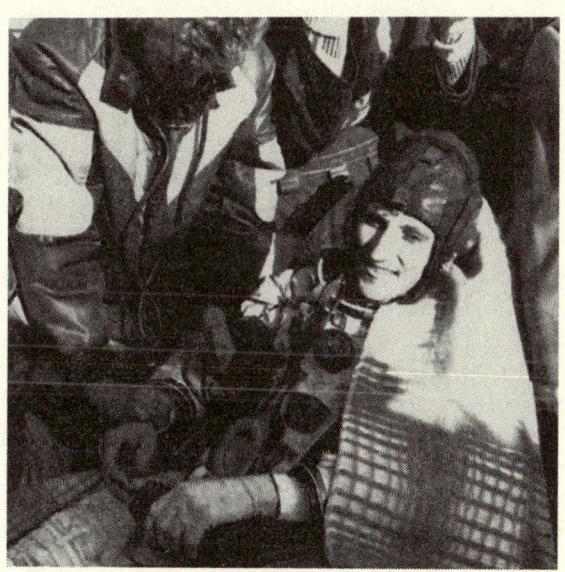

Willkommen auf der Erde! Franz Viehböck wird nach der Landung von einem Arzt untersucht.

Der kleine schwarze Punkt, der da über uns am Fallschirm baumelte, wurde immer größer. Jetzt wußte ich, daß es Franz endgültig geschafft hatte. Es konnte nichts mehr passieren.

Der Aufprall der Kapsel und die Zündung der Bremsraketen unmittelbar davor war dennoch ein Elementarereignis. Während sich der Fallschirm langsam über den Boden breitete, versank die Kapsel in einer riesigen Staubwolke. Als sie wieder sichtbar wurde, lag sie auf der Seite. Unser Hubschrauber landete als erster. Ich stand plötzlich vor einem schwarzen, völlig verkohlten, stinkenden, rauchenden und zischenden Gegenstand. Er sah nicht aus, als wäre er soeben vom Himmel gefallen. Eher wie ein teuflisches Ding aus der Hölle.

Gemeinsam mit einem Techniker öffnete ich die Luke. Vorsicht war angebracht, denn acht Minuten nach der Landung werden in der Regel noch die Abdeckungen der Antennen weggesprengt. Ich hörte keine Stimmen aus einer anderen Welt, die man bei diesem Anblick erwarten hätte können, sondern ein vertrautes: »Servas Oida«.

Arzebarski kletterte heraus, ich steckte meinen Kopf hinein und nahm Franz die Filme ab. Ein streng verbotenes Manöver, jedoch hatten wir Angst, daß wir die Filme nie mehr wiedersehen würden, wenn wir sie der offiziellen Prozedur überlassen hätten.

Abgesehen von der noch bevorstehenden Auswertung der Experimente war das Projekt Austromir hiermit beendet. Ich hatte erwartet, daß alles gutgehen würde. Ich hatte auch erwartet, daß Franz seine Sache ausgezeichnet machen würde. Daß jedoch alles vom ersten bis zum letzten Tag mit solcher Präzision und Perfektion ablaufen würde, kam selbst für mich unerwartet.

Franz ist ein »zäher Hund«, der während einer sehr langen Zeitspanne voll konzentriert arbeiten kann, der niemals aufgibt und trotzdem immer am Boden der Realität bleibt – wenngleich diese Metapher im Zusammenhang mit einem Weltraumabenteuer höchst unangebracht erscheinen mag.

Was hat uns dieses Unternehmen gebracht? Ich glaube, daß es dem Ansehen Österreichs nicht nur in der Welt der Wissenschaft sehr genützt hat. Auch bin ich davon überzeugt, daß die Resultate der Experimente einen fast unschätzbaren Wert darstellen. Unschätzbar heißt in diesem Zusammenhang aber auch, daß ich – und Franz ist genau meiner Meinung – das kleinkarierte Denken einiger Kritiker ablehne. Denn im Verhältnis zu den gewonnenen Erkenntnissen nimmt sich der Preis, den man für das Projekt Austromir bezahlen mußte, relativ bescheiden aus.

Auch ich möchte einmal in den Weltraum. Das ist mein Ziel, welches ich nach zwei Jahren Moskau mit nach Wien nehme. Daß Franz jede Sekunde seines Raumfluges genossen hat, braucht man nicht gesondert zu erwähnen. Daß er noch einmal fliegen will auch nicht.

Ich hoffe, daß das Projekt keine Eintagsfliege bleibt. In meinem eigenen Interesse, aber auch im Interesse der Wissenschaft.

Vorläufig bleiben uns viele schöne Erinnerungen an Freunde und Bekannte aus der Sowjetunion. Bei allen Schwächen und Mißständen haben wir Land und Leute schätzen und lieben gelernt.

ANHANG

Aeroflot – inernationale sowjetische Fluglinie; größte Luftverkehrs-
gesellschaft der Welt; Streckennetz über 1 Million km.

AIDS – engl.: aquired immune deficiency syndrome; Viruserkrankung;
Immunschwäche-Krankheit.

Akiyama, Toyohiro – Japanischer Kosmonaut, der mit dem Raumschiff
Sojus TM-11 zur Raumstation MIR gelangte.

Anästhetikum – chem. Stoff, der eine Anästhesie oder Narkose bewirkt.

Andocken – Zusammenfügen zweier Flugkörper im Weltraum; wurde erstmals im Rahmen der amerikanischen Gemini-Flüge praktiziert.
Andock-Manöver der Sojus TM-13 an der Raumstation MIR.

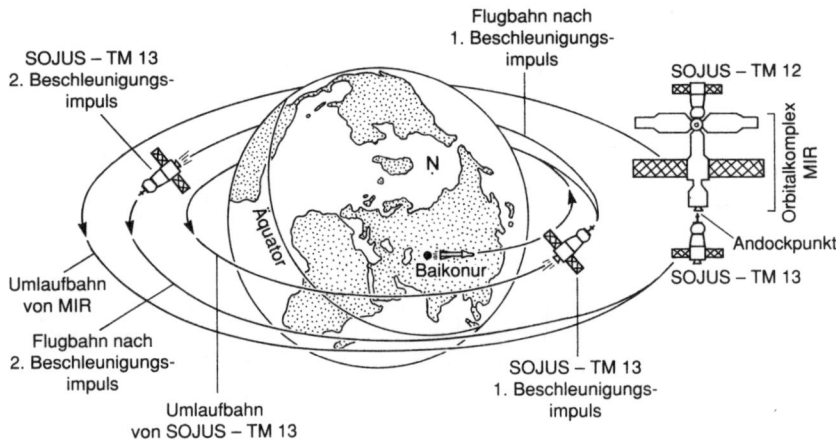

Apollo – US-Raumfahrtprojekt der NASA mit dem Ziel bemannter Mondlan-
dungen. Die Raumfähre »Columbia« von Apollo 11 landete am
20. 7. 1969 als erstes bemanntes Raumschiff auf dem Mond. Insgesamt
gab es im Rahmen des Apollo-Programms sechs bemannte Mondlan-
dungen.

Armstrong, Neil – amerikanischer Astronaut; geb. am 5. 8. 1930 in
Wapokoneta, Ohio; betrat am 21. 7. 1969 als erster Mensch die
Mondoberfläche.

Arzebarski, Anatoli – sowjetischer Kosmonaut, Kommandant der Sojus TM-
12.

Astronaut – amerikanischer (od. europ.) Raumfahrer im Gegensatz zu den
sowjetischen Kosmonauten.

Astrophysik – Hauptgebiet der Astronomie; befaßt sich mit dem physikalischen Zustand kosmischer Objekte.

atm. – Atmosphäre; Vergleichsmaß für den mittleren Atmosphärendruck. 1atm. = 1,01325 bar.

Aubakirov, Tochtar – kasachischer Kosmonaut.

Austrian Airlines (AUA) – internationale österreichische Fluglinie.

Austrian Space Agency (ASA) – österreichische Weltraumbehörde.

B

Babuschka – russisches Wort für (groß-)mütterliche Frau.

Baikonur – Sowjetisches Raumfahrtzentrum in der kasachischen Steppe, von wo aus sämtliche bemannte Raumflüge gestartet werden.

Ballistik – Lehre von der Bewegung geschleuderter oder geschossener Körper.

Barotrauma – Schäden durch Unter- oder Überdruck in lufthaltigen Körperhöhlen (z. B. Mittelohr); »Taucherkrankheit«.

Bauchatmung – genauer: Zwerchfellatmung. Atembewegung durch Zusammenziehen des Zwerchfells.

Bein, Dr. Walter – Psychologe; war während der Auswahl und Ausbildung der österr. Kosmonauten(-Kandidaten) für deren psychische Betreuung zuständig. Leiter der Fliegerpsychologie im BMLV und Sachverständiger für Flugsicherheit.

Berlitz School – International anerkannte Sprachschule.

Blackout – 1.) Vorübergehender Verlust des Sehvermögens durch das Einwirken hoher Beschleunigung, das in der Folge zu Blut-Sauerstoff-Verarmung der Netzhäute führt. 2.) Geophysik: Totalausfall von Radiowellen infolge des Mögel-Dellinger-Effekts (Eintritt in die Ionosphäre).

Bowie, David – britischer Rock-Sänger und Filmschauspieler.

Bucklige Welt – Landesteil Niederösterreichs.

Bundesländerversicherung – große österreichische Versicherungsgesellschaft.

BMWF – Österreichisches Bundesministerium für Wissenschaft und Forschung.

Buran – sowjetische Raumfähre, die am »Modul Kristall« der Raumstation MIR andocken wird.

Busek, Dr. Erhard – Vizekanzler, Bundesminister für Wissenschaft und Forschung.

C

»Caro As« – österreichische Fliegerstaffel.

Challenger – Amerikanische Raumfähre. Beim Start verunglückt; sieben Menschen kamen dabei ums Leben.

Concordia – Internationaler Journalisten-Klub in der Wiener Innenstadt.

D

Datscha – russisches Landhaus, Jagdhaus, Villa, Sommerhaus am Land.

Dekompressionskrankheit – Druckluftkrankheit; bewirkt Sauerstoffmangel und Freisetzung gasförmigen Stickstoffs im Blut infolge von rapider Druckabnahme.

Display – urspr.: Schaufensterware; jetzt haupts.: Bildschirmwiedergabe von Computerdaten.

»Die Ganze Woche« – österreichische Wochenzeitung.

Donovan – irischer Rocksänger.

Dosimeter – Strahlenmeßgerät; genauer: Meßgerät zur Bestimmung der Strahlenbelastung (Röntgen- und radioaktive Strahlung).

Draken – Abfangjäger schwedischer Bauart im Dienste des österreichischen Bundesheeres.

Drehstuhl – Trainings- und Testgerät; ähnlich einem Bürosessel.

Dschanibekov, Vladimir – sowj. Kosmonaut. Hält mit fünf Raumflügen den sowjetischen Rekord. Machte die Raumstation Saljut 7 nach Zusammenbruch der Stromversorgung wieder funktionstüchtig.

E

»Ein Offizier und Gentleman« – Amerikanischer Spielfilm mit Richard Gere in der Hauptrolle.

EKG – Elektrokardiogramm; Gerät zur Feststellung von Rhythmusstörungen des Herzens oder Schädigungen des Herzmuskels.

Endoskopie – Diagnostisches Verfahren zur Untersuchung von Körperhöhlen und -kanälen, die mit Hilfe eines Endoskops unmittelbar betrachtet werden können.

Enthermetisierung – Störung (od. Aufhebung) eines atmosphärischen oder biologischen Mikroklima-Zustandes.

Erdatmosphäre – Gashülle der Erde: 78,09 % Stickstoff, 20,95 % Sauerstoff, 0,93 % Argon, 0,03 % Kohlendioxid, 0 bis 4 % Wasserdampf und Spuren aller übrigen Edelgase und div. Feststoffe.

Erdbeschleunigung – Fall-Beschleunigung; beträgt am 45. Breitengrad 9,81 m/s, an den Polen 9,83 m/s und am Äquator 9,78 m/s. Steigt nur, solange der Luftwiderstand kleiner als das Gewicht des fallenden Körpers ist. Dieses Prinzip macht sich beim Fallschirmspringen bemerkbar.

Erde – 3. Planet unseres Sonnensystems nach Merkur und Venus. Nach der derzeit gültigen wissenschaftlichen Meinung ist die Erde vor 5 bis 6 Milliarden Jahren entstanden.

Ergometer – Apparat zur Messung der körperlichen Leistungsfähigkeit, besonders von Herz-Kreislauf, Atmung und Muskulatur.

ESA (European Space Agency) – Europäische Raumfahrtsbehörde.

Experimente – Im Rahmen des Projektes AUSTROMIR wurden folgende Experimente durchgeführt:

– MONIMIR (Universitätsklinik für Neurologie Innsbruck, Univ.-Doz. Dr. M. Berger; Fanak Data Processing, Datenverarbeitungs G.m.b.H., Dipl.-Ing. Dr. techn. M. Mossaheb)
Im Experiment MONIMIR wurde der Einfluß der Schwerelosigkeit auf Haltungs- und Stellreflexe untersucht. Dazu hat der Kosmonaut nach einem vorgegebenen Schema Kopf- und Armbewegungen ausgeführt, die mit einem Video-System aufgezeichnet und auf der Erde analysiert wurden. Man erhofft sich davon neue Erkenntnisse für

künftige Flüge ins All und für die Rehabilitation von Patienten nach längerer Bettruhe oder nach Schlaganfällen.
- COGIMIR (Universitätsklinik für Neurologie Innsbruck, OA Dr. Th. Benke)
Bei diesem Experiment werden Veränderungen der Hirnleistung aufgrund psychischer und physischer Belastung während des Raumfluges untersucht. Man erwartet sich davon neue Informationen über die Leistungsfähigkeit des menschlichen Gehirns bei der Verarbeitung von Wahrnehmungen.
- DOSIMIR (Österreichisches Atominstitut Wien, Univ.-Prof. Dr. N. Vana)
Im Weltraum sind Menschen sowohl Teilchenstrahlung als auch ionisierender elektromagnetischer Strahlung (Röntgen- und Gammastrahlung) unterschiedlicher Energie ausgesetzt. Im Experiment DOSIMIR wird mit Hilfe von Kernspurfilmen und speziellen Dosimeterkristallen erforscht, welche Dosis verschiedener Strahlungsarten auf den Kosmonauten an Bord der Raumstation einwirkt. Aus den Experimenten können neue Aufschlüsse über die Wirkung der Strahlung im Weltraum auf Mensch und Material gewonnen werden.
- PULSTRANS (Physiologisches Institut der Universität Graz, Dr. M. Moser)
Ziel dieses Experimentes ist es, die Auswirkungen von Anspannungsbelastungen auf die Herzfunktion und das Gefäßsystem zu untersuchen. Eine spezielle, mit Biosensoren ausgestattete Jacke dient dazu, die Kennwerte bestimmter Arterien in verschiedenen Phasen der Anpassung des Organismus an die Schwerelosigkeit zu bestimmen. Die Ergebnisse des Experimentes sollen auch auf der Erde für die Herz-Kreislauf-Diagnostik angewendet werden.
- MIKROVIB (Physiologisches Institut der Universität Graz, Dipl.-Ing. E. Gallasch)
Das Experiment MIKROVIB dient der Untersuchung spontaner Mikrovibrationen (unwillkürliches Zittern des menschlichen Körpers) in Ruhelage und unter Belastung unterschiedlicher Dauer und Intensität. Zusätzlich werden mit Hilfe eines Vibrators künstliche Schwingungen erzeugt und die Ausbreitung der Wellen auf der Haut gemessen. Man erwartet sich von diesem Experiment neue Erkenntnisse über die biomechanischen Eigenschaften der Haut und des darunterliegenden Gewebes.
- BODYFLUIDS (Physiologisches Institut der Universität Graz, Univ.-Prof. Dr. H. Hinghofer-Szalkay)
Die Funktion des Herzens ist vom Blutangebot abhängig. Die Beine des Kosmonauten verlieren während eines Raumfluges an Masse, während Kopf, Hals und Brustraum durch aufgestaute Körperflüssigkeit anschwellen. Das Experiment BODYFLUIDS soll die Verlagerung von Körperflüssigkeit aus dem Blut und in das Blut unter den Bedingungen der Schwerelosigkeit sowie die Ursachen dafür untersuchen. Dabei kommt ein Gerät zur Erzeugung von Unterdruck an den Beinen zum Einsatz. Die Ergebnisse werden auch wichtige Aufschlüsse über den Kreislauf von Patienten geben.
- OPTOVERT (Neurologische Universitätsklinik Wien, Dr. Ch. Müller)

Im Experiment OPTOVERT wird der Kosmonaut mit Hilfe einer Spezialmaske optischen Reizen ausgesetzt (optische Stimulation), die ihm das Gefühl vermitteln, sein Körper hebt bzw. senkt sich. Ziel des Experiments ist die Erfassung des Einflusses optokinetischer Stimulation auf das Orientierungssystem. Es geht dabei auch um die Vermeidung der sogenannten Raumkrankheit, deren Ursache das Fehlen des Gleichgewichtsempfindens und der Ausfall des Körperfühlsystems unter Schwerelosigkeitsbedingungen sind.

- MIRGEN (Österreichisches Forschungszentrum Seibersdorf, Institut für Biologie, Dr. G. Stehlik)

Die Kosmonauten auf MIR werden nicht nur der Schwerelosigkeit, sondern auch verstärkter kosmischer Strahlung ausgesetzt. Diese kann die Ursache genetischer Veränderungen, der Bildung von Krebszellen, das Entstehen von Erbkrankheiten und Defekten im Immunsystem des menschlichen Körpers sein. Das Experiment MIRGEN soll die Auswirkungen des Weltraumaufenthaltes auf die Immunzellen und die genetische Substanz (DNA) des menschlichen Körpers untersuchen.

- MOTOMIR (Institut für Sportwissenschaften der Universität Wien, Univ.-Prof. Dr. N. Bachl; Fanak Data Processing, Datenverarbeitungs G.m.b.H., Dipl.-Ing. Dr. techn. M. Mossaheb)

Das Experiment soll neue Erkenntnisse über die Funktionsweise der Arm- und Beinmuskulatur in der Schwerelosigkeit und über die Ermüdung der Muskeln unter Belastung liefern. Dazu wird ein spezielles Ergometer entwickelt, das auch bei künftigen Langzeitflügen zum Training eingesetzt werden kann. Erkenntnisse aus diesem Experiment sollen auch in die Sport- und Arbeitsmedizin, vor allem in die Diagnostik, Prävention, Rehabilitation und Therapiekontrolle einfließen.

- AUDIMIR (AKG – Akustische und Kino-Geräte G.m.b.H. – Wien, Dr. A. Persterer)

Es soll untersucht werden, wie genau der Kosmonaut in der Schwerelosigkeit Schallquellen lokalisieren kann und wie das räumliche Hören mit dem Gleichgewichtssystem des Menschen zusammenwirkt. Das Experiment AUDIMIR soll für künftige Raumflüge Wege aufzeigen, wie das Orientierungsvermögen des Menschen unter den Bedingungen verbessert werden kann.

- LOGION (Österreichisches Forschungszentrum Seibersdorf, Univ.-Prof. Dr. F. Rüdenauer; Institut für Weltraumforschung der Österreichischen Akademie der Wissenschaften, Univ.-Prof. DDr. W. Riedler)

Im Experiment LOGION sollen die Funktionsfähigkeit und die Betriebseigenschaften von Flüssigmetall-Feldionenemittlern unter Schwerelosigkeit untersucht werden. Solche Ionenemittler sollen in Zukunft dazu eingesetzt werden, die elektrische Aufladung von Satelliten, die zu Spannungsüberschlägen und in der Folge zu Ausfällen des Energieversorgungssystems führen kann, zu kompensieren. Erste Anwendungen dieser Emittler sind für die Weltraummissionen INTERBOL, CLUSTER und GEOTAIL geplant.

- MIGMAS/A (Institut für Nachrichtentechnik und Wellenausbreitung

der Technischen Universität Graz, Univ.-Prof. DDr. W. Riedler; Österreichisches Forschungszentrum Seibersdorf, Univ.-Prof. Dr. F. Rüdenauer)
Untersucht wird die Stabilität der Betriebseigenschaften eines rastenden Ionenstrahlsystems unter den Bedingungen der Schwerelosigkeit. Die Apparatur MIGMAS/A stellt die erste Ausbaustufe der geplanten Materialanalysestation MIGMAS dar, mit deren Hilfe an Bord der Raumstation MIR umfassende Materialuntersuchungen duchgeführt werden sollen. Das Studium des Verhaltens von Materialien bei Weltraumexponierung und die Entwicklung neuer Materialien unter Schwerelosigkeitsbedingungen werden in Zukunft zu den Hauptaktivitäten an Bord von Raumstationen gehören.
- FEM (Institut für Photogrammetrie und Fernerkundung der Technischen Universität Wien, Univ.-Prof. Dr. K. Kraus)
Im Rahmen diese Experimentes sollen mit Hilfe einer Spezialkamera und eines Spektrometers Aufnahmen des österreichischen Territoriums gemacht werden. Gleichzeitig werden am Boden und vom Flugzeug aus Vergleichsmessungen duchgeführt. Mit Hilfe dieser Aufnahmen und der gewonnenen Referenzdaten sollen die Einflüsse der Atmosphäre auf Fernerkundungsdaten untersucht werden.
- DATAMIR (Institut für Angewandte Systemtechnik der Forschungsgesellschaft Joanneum Ges.m.b.H., Dipl.-Ing. M. Steller)
Das Projekt DATAMIR befaßt sich mit der Entwicklung eines zentralen Bordcomputers, der einen Großteil der österreichischen Experimente in ihrem Ablauf steuern sowie die gewonnenen Daten speichern soll. Darüber hinaus stellt DATAMIR die Verbindung zum Telemetriesystem der Raumstation MIR dar, mit deren Hilfe Experimentdaten bereits während der Mission der Bodenstation übermittelt und dort ausgewertet werden können.

F

Feldman, Marty – Amerikanischer Filmkomiker und Schauspieler; verstorben.
Fiadossia – Ukrainischer Ort am Schwarzen Meer.
»Folterkammer« – Kraftkammer.
Frcon – Handelsname für einen Fluorkohlenwasserstoff.
Friedrich, Mag. Peter – österreichischer Kosmonauten-Kandidat.

G

»g« – Von Gravitatio = Anziehung. Maß für die Anziehungskraft eines Himmelskörpers. Wird meist duch die Beschleunigung an der Oberfläche ausgedrückt. Ein »g« auf der Erdoberfläche beträgt $9,821$ m/s^2.
Gagarin, Juri Alexejwitsch – geb. am 19. 7. 1934 in Smolensk; gest. 9. 3. 1968 bei einem Flugzeugabsturz bei Nowosjolowo. Erste Erdumkreisung eines Menschen in der Raumkapsel »Wostok« am 12. 4. 1961.
Galaxis – Milchstraßensystem; allgem. werden auch Sternensysteme (Spiralnebel) als Galaxien bezeichnet.

Gastroskopie – Magenspiegelung mit Hilfe eines Fibroskops (früher: Gastroskop).

Geophysik – Wissenschaft von den physikalischen Zuständen und Vorgängen auf, über und in der Erde.

geostationäre Satelliten – Satelliten, die sich in einer Umlaufbahn befinden, die ca. 36.000 km von der Erde entfernt ist und deren Geschwindigkeit mit der irdischen übereinstimmt; d. h. ihre Position in Relation zum Äquator bleibt ständig unverändert. Dies ist die Voraussetzung für Kommunikationssatelliten.

Gere, Richard – Amerikanischer Schauspieler; spielte u. a. in »Ein Offizier und Gentleman« (s. o.).

Gleichgewichtssystem – Vestibularsystem.

»Goleador« – Spanisches Wort für torgefährlichen Mittelstürmer / Torschützenkönig im Fußball.

Gravitation – Schwerkraft; Anziehungskraft beliebiger Körper aufgrund ihrer Massen.

Griedl, Dipl.-Ing. Elke – österreichische Kosmonauten-Kandidatin.

H

Haas, Robert – Österreichischer Kosmonauten-Kandidat, Kommandant der berühmten österreichischen Kunstflieger-Staffel »Caro As« (s. o.), Draken-Verweigerer, Oberstleutnant beim österreichischen Bundesheer.

Halbleiter – meist kristalline Festkörper, die bei tiefer Temperatur elektrisch isolieren, bei höherer Temperatur elektrische Leitfähigkeit aufweisen.

Hämodynamikliege – Trainings- und Testgerät; Hämodynamik ist die Lehre von der Blutbewegung.

Hitzeschild – Vorrichtung zur Absorption oder Ableitung der Reibungswärme beim Eintritt in die Atmosphäre.

Huber, Dr. Joachim – Oberstarzt; Facharzt für Innere Medizin; Gerichtlich beeideter Sachverständiger für Innere Medizin und Flugmedizin; u.a. im Dienste des österr. Bundesheeres. Leiter der fliegermedizinischen Ambulanz im Heeresspital/Wien.

I

Ikarus – Gestalt aus der griech. Mythologie; Sohn des Dädalus. Kam mit seinen mit Wachs zusammengeklebten Flügeln bei seiner Flucht vor Minos von Kreta der Sonne zu nahe und stürzte in der Nähe der Insel Samos ins Meer.

Illjuschin – Sowjetische Flugzeugtype.

Infrarot – Dem Auge nicht sichtbare, an das rote Ende des Spektrums anschließende Strahlen, die als Wärme empfunden werden.

Infrarotvertikale – Koordinationssystem zur Orientierung eines Raumschiffes od. einer Raumstation.

Institut für Angewandte Psychologie und Beratung.

Institut für Neurologie in Innsbruck.

Insulin – Peptidhormon, das in den B-Zellen der Langerhansschen Inseln der Bauchspeicheldrüse gebildet wird. Insulin ist ein Protein und das einzige blutzuckersenkende Hormon. Sein Fehlen und sein Mangel verursachen Zuckerkrankheit (Diabetes).

J

Jeitler, Mag. Manfred – Österreichischer Kosmonauten-Kandidat.

K

Kasachstan – Teilrepublik der Sowjetunion; auch Kasachische SSR.
Kepplersche Gesetze – Gesetze der Planetenbewegung. Newton leitete davon sein Gravitationsgesetz ab. Wegen der Gravitation großer Planeten stimmen die Kepplerschen Gesetze nicht exakt.
Kikutsi, Rioko – Japanische Kosmonautin, die in der Ersatz-Crew für Sojus TM-11 arbeitete.
«Killer-Kriterium» – Besonders schwieriger, kaum zu bewältigender Auswahlschritt im Rahmen der Kosmonauten-Qualifikation.
Krikaliow, Sergeij – Sowjetischer Kosmonaut der Sojus TM-12.

L

Landeanflug der Sojus TM-12.

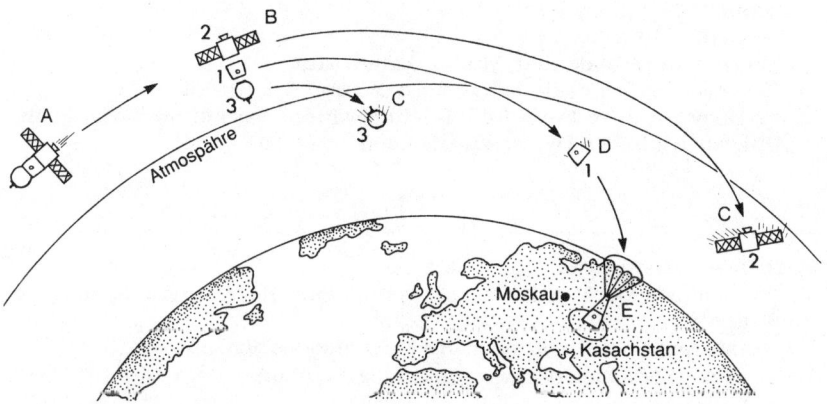

A) Das Sojus-Raumschiff in voller Größe.
B) Teilung des Raumschiffes.
C) Die abgesprengten Teile verglühen beim Eintritt in die Atmosphäre.
D) Die Landekapsel beim Eintritt in die Atmosphäre.
E) Öffnen des Hauptfallschirms und Landung in Kasachstan.

1) Landekapsel
2) Triebwerks- und Aggregatenteil
3) Aufenthalts- und Versorgungsteil

Langenlebarn – Ort in Niederösterreich.

Langgruber, Rudi – Sekretär des österreichischen Militärattacheés in Moskau.

Laser – Gerät zur Erzeugung von Licht oder eines scharf gebündelten Lichtstrahles.

Leninsk – Vor 30 Jahren aus dem Boden gestampfte Stadt in Kasachstan in der Nähe der Raketenbasis Baikonur.

Leonov, Alexeij Archipowitsch – Berühmtester lebender Kosmonaut der Sowjetunion; geb. am 30. 5. 1934 in Listwjanka. Der erste Mensch, der nach einem Weltraum-Ausstieg frei im All schwebte (1965).

Looping – Senkrechter Schleifenflug. Überschlagrolle. Man unterscheidet zwischen Einwärts-Looping (Kopf des Piloten zeigt zum Mittelpunkt der kreisförmigen Flugbahn) und Auswärts-Looping.

Lothaller, Dr. Clemens – geb. am 8. 5. 1963 in Wien. Besuchte das Schottengymnasium Wien 1, Matura im Juni 1981, Beginn des Medizinstudiums im Oktober 1981, während des Studiums vertiefte Ausbildung in Histopathologie an der 1. Hautklinik. Promotion zum Doktor der gesamten Heilkunde im Juni 1987. Ab Juli 1987 beim österr. Bundesheer. September 1987 bis Februar 1988 Turnusarzt an der 1. Med. Abt./KH Rudolfstiftung. Seit März 1988 1. Chir. Abt./KH Rudolfstiftung, dzt. Beteiligung an einer Studie über die Lasertherapie von Brustkrebs. September bis Dezember 1988: Anästhesieausbildung für das österr. Bundesheer auf der 1. Chir./AKH.

Fremdsprachen: Russisch, Englisch, Französisch.

Größe: 184 cm.

Gewicht: 74 kg.

Eltern: Vater/Kinderarzt, Mutter/Zahnärztin.

Geschwister: 2 jüngere Schwestern (25 und 8 Jahre alt).

Lower Body Negative Pressure – (»Schneewittchensarg«); med. Gerät, um Unterdruck in den Beinen zu erzeugen.

M

Machete – Buschmesser.

Magnetometer – Gerät zur Messung von Magnetfeldern und magnetischer Strahlung.

Magnetstürme – Schwankungen des Magnetfeldes der Erde.

Major Tom – Verschollener Astronaut im gleichnamigen David-Bowie-Song (s.o.).

Mariazell – österr. Wallfahrtsort in der Steiermark.

Markt Piesting – Ort im südl. Niederösterreich.

M.A.S.H. – Amerikanische Film-Persiflage auf den Vietnamkrieg mit Donald Sutherland.

Med-Osmotr – med. Routineuntersuchung im sowjetischen Kosmonauten-Ausbildungszentrum im Sternenstädtchen.

Meteor – Leuchterscheinung, die durch das Eindringen fester Körper aus dem Weltraum in die Atmosphäre hervorgerufen wird.

Meteorit – feste Körper aus dem Weltraum.

Modul – in sich geschlossener Teil eines Raumflugkörpers

Morsezeichen – Von Samuel Morse (1838, 1844 geändert) entwickeltes Zeichenalphabet für den ebenfalls von ihm erfundenen ersten brauchbaren Schreibtelegraphen.

Muskelatrophie – Muskelschwund.

Muskelbiopsie – Entnahme einer Muskelgewebsprobe zur späteren Analyse.

m/s = Meter pro Sekunde; Einheit der Geschwindigkeit (m/s = 3,6 km/h).

N

Nemetz, Christian – Sportlehrer und Ausbildner der Kosmonauten-Kandidaten. Unteroffizier in der Fliegerambulanz des Heeresspitals.

njet – russisches Wort für »nein«.

O

Orbit – Umlaufbahn.

ORF – Öffentlich-rechtliche österreichische Rundfunk- und Fernsehgesellschaft.

Orion – 1.: Sternbild, 2.: Raumschiff aus der TV-Serie »Raumpatrouille«.

»Österreich-Rundfahrt« – Traditionsreiches Radrennen in mehreren Etappen quer durch Österreich.

P

Parabelflüge
(auch Schwerelosigkeitsflüge)

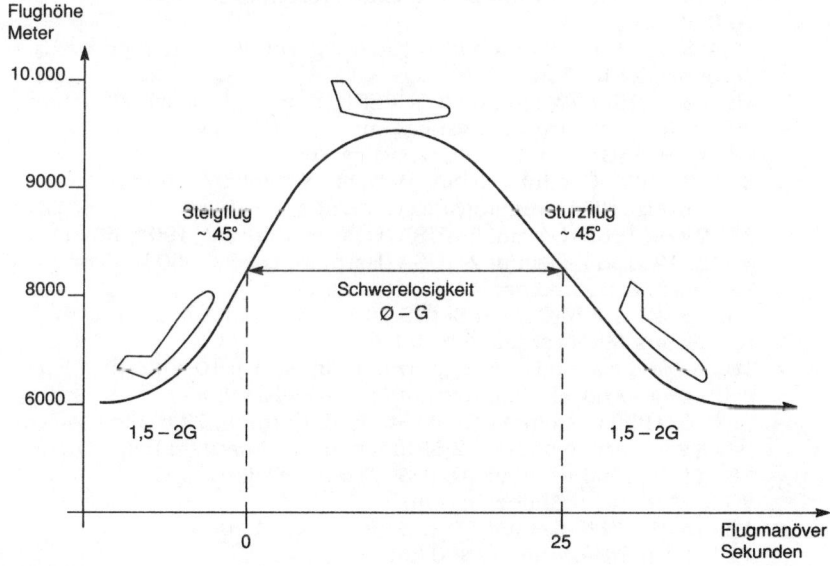

Perchtoldsdorf – an Wien grenzender Weinort im Süden Niederösterreichs.
»Pickerl« – gesetzlich vorgeschriebene Plakette, die den ordnungsgemäßen Zustand eines in Österreich gemeldeten Fahrzeugs bescheinigt (vgl. TÜV-Plakette in der Bundesrepublik Deutschland).
Polypen – Wucherungen der Darmschleimhaut.
Prater – Waldreicher Stadtteil Wiens im 2. Wr. Gemeindebezirk. U. a. bekannt durch den Vergnügungspark »Wurstelprater«.
Puch G – Geländewagen, hergestellt von der Firma Steyr (s. Steyr)
Pyroschloß – Verriegelung, die durch eine kleine Explosion geöffnet werden kann.

R

Rapid-Fanklub – Anhängerklub des traditionsreichen Fußballvereines SK Rapid Wien (Vereinsfarben: Grün-Weiß).
Raumanzug
Raumfahrt, bemannte – Von den Anfängen bis zur ersten Mondlandung:
- 12. 4. 1961 »Wostok 1« (UdSSR/Gagarin) Zeit im Weltraum: 1 h 48 m; erster Mensch im Weltraum.
- 5.–6. 5. 1961 »Wostok 2« (UdSSR/Titov): 25 h 18 m
- 20. 2. 1962 »Friendship 7« (USA/Glenn): 4 h 55 m
- 24. 5. 1962 »Aurora 7« (USA/Carpenter): 4 h 56 m
- 11.–15. 8. 1962 »Wostok 3« (UdSSR/Nikoleav): 94 h 22 m
- 12.–15. 8. 1962 »Wostok 4« (UdSSR/Ropowitsch): 70 h 57 m
- 3. 10. 1962 »Sigma 7« (USA/Schirra): 9 h 13 m
- 15.–16. 5. 1963 »Faith 7« (USA/Cooper): 34 h 20 m
- 14.–19. 6. 1963 »Wostok 5« (UdSSR/Bykowski): 119 h 6 m
- 16.–19. 6. 1963 »Wostok 6« (UdSSR/Tereschkowa): 70 h 50 m
- 12.–13. 10. 1964 »Wosschod 1« (UdSSR/Feoktistow, Komarow, Jegorow): 24 h 17 m
- 18.–19. 3. 1965 »Wosschod 2« (UdSSR/Beljaev, Leonov): 26 h 2 m; 20-minütiger Weltraumausstieg von Leonov.
- 23. 3. 1965 »Gemini 3« (USA/Grissom, Young): 4 h 35 m
- 3.–7. 6. 1965 »Gemini 4« (USA/McDivitt, White): 97 h 56 m; 21-minütiger Weltraumausstieg von White.
- 21.–29. 8. 1965 »Gemini 5« (USA/Cooper, Conrad): 190 h 56 m
- 4.–18. 12. 1965 »Gemini 7« (USA/Borman, Lovell): 330 h 35 m; zu diesem Zeitpunkt der längste Raumflug.
- 15.–16. 12. 1965 »Gemini 6« (USA/Schirra, Stafford): 25 h 51 m; Rendevous-Manöver mit »Gemini 7«
- 16. 3. 1966 »Gemini 8« (USA/Armstrong, Scott): 10 h 42 m; gelungenes Andock-Manöver mit Agena-Zielsatelliten.
- 3.–6. 6. 1966 »Gemini 9« (USA/Stafford, Cernan): 72 h 22 m; Ausstieg von Cernan dauerte 2 Stunden und 5 Minuten; Rekordhöhe.
- 18.–21. 7. 1966 »Gemini 10« (USA/Young, Collins): 70 h 47 m; Rekordhöhe 761 km
- 12.–15. 9. 1966 »Gemini 11« (USA/Conrad, Gordon): 71 h 17 m; Rekordhöhe 1360 km

- 11.–14. 11. 1966 »Gemini 12« (USA/ Lovell, Aldrin):
  94 h 37 m; Rekordausstieg von Aldrin 2 h 9 m.
- 23.–24. 4. 1967 »Sojus 1« (UdSSR/Komarov): 24 h; Komarov bei der
  Landung durch Versagen des Bremsfallschirms tödlich verunglückt.
- 11.–22. 10. 1968 »Apollo 7« (USA/Schirra, Eisele, Cunningham):
  260 h 8 m
- 26.–30. 10. 1968 »Sojus 3« (UdSSR/Georgi, Timofejewitsch,
  Beregowoi): 94 h 51 m; Rendezvous-Manöver mit unbemannter
  »Sojus 2«
- 21.–27. 12. 1968 »Apollo 8« (USA/Borman, Lovell, Anders): 147 h;
  erster Flug zum Mond mit zehnmaliger Umkreisung.
- 14.–17. 1. 1969 »Sojus 4« (UdSSR/Schatalov): 70 h
- 15.–18. 1. 1969 »Sojus 5« (UdSSR/Wolynow, Chrunow, Jellissejew);
  Umsteigemanöver mit Sojus 4.
- 3.–13. 3. 1969 »Apollo 9« (USA/McDivitt, Scott, Schweickart): 241 h;
  Erprobung der Mondfähre in der Erdumlaufbahn.
- 18.–26. 5. 1969 »Apollo 10« (USA/Stafford, Young, Cernan): 192 h
  4 m; 31 Mondumkreisungen; Mondfähre näherte sich der
  Mondoberfläche bis auf 15 km.
- 16.–24. 7. 1969 »Apollo 11« (USA/Armstong, Aldrin, Collins): 195 h
  18 m; Mondlandung am 20. 7. 1969. Am 21. 7. um 3 Uhr 56
  mitteleuropäischer Zeit betrat Armstrong als erster Mensch den
  Mond.

Raumkrankheit – Fehlreaktion des Gleichgewichtssystems auf die
Schwerelosigkeit (Übelkeit...)

Raumstation MIR – (siehe Graphik auf der nächsten Seite). Die Raumstatin
MIR wurde im Februar 1986 in die Umlaufbahn gebracht. Sie ist der er-
ste ständig bemannte Außenposten im Weltraum. Sie ist mit einer
Kopplungseinheit mit sechs Andockstutzen ausgestattet, die es erlaubt,
daß vier Module mit einem Gewicht von jeweils 20 Tonnen am Basisblock der Raumstation andocken. Das Modul Kristall, das von den
Sowjets auch T-Modul genannt wird, stellt das dritte ständig angedockte
Modul dar. Der fünfte Andockstutzen ist mit dem Basisblock der
Raumstation MIR verbunden, und der sechste ist für Raumschiffe reserviert, die die Kosmonauten bzw. die Fracht zur Raumstation bringen. In
der derzeitigen Konfiguration besteht die Raumstation MIR aus folgenden Modulen:

- MIR-Basisblock (20,9 Tonnen)

- Das astrophysikalische Modul Quant (13,2 Tonnen) wurde als erste
  Erweiterung der Raumstation am hinteren Andockstutzen des
  Basisblocks angedockt.

- Modul Quant 2 (20 Tonnen) ist seitlich angedockt.

- Das Raumschiff Sojus TM, mit dem die z. Zt. an Bord befindlichen
  Kosmonauten zur Raumstation gebracht wurden.

- Der automatische Frachttransporter Progreß M-3.

- Modul Kristall (20 Tonnen) besitzt einen Andockstutzen für die sowjetische Raumfähre »Buran«.

211

Raumstation MIR.

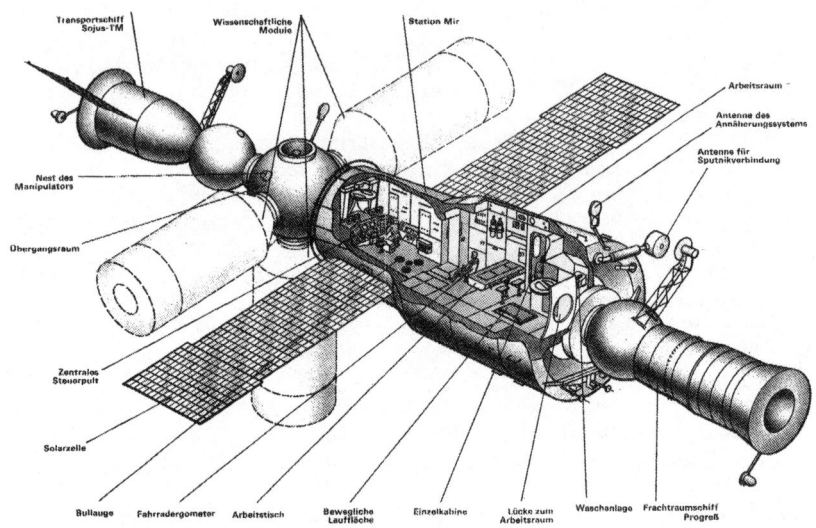

Transportschiff Sojus-TM   Wissenschaftliche Module   Station Mir

Arbeitsraum
Antenne des Annäherungssystems
Antenne für Sputnikverbindung
Nest des Manipulators
Übergangsraum
Zentrales Steuerpult
Solarzelle

Bullauge   Fahrradergometer   Arbeitstisch   Bewegliche Lauffläche   Einzelkabine   Lücke zum Arbeitsraum   Waschanlage   Frachtraumschiff Progreß

Rax – Berg im südlichen Niederösterreich.

Rektoskopie – Enddarmspiegelung mit Hilfe eines Endoskops.

Relaissatelliten – Rellaisstationen im Weltraum; Zwischensender; Zwischenstation mit Empfänger und Sender.

Riedler, Univ.-Prof. Dipl.-Ing. DDr. Dr.-Ing. e.h. Willibald – Österreichische Akademie der Wissenschaften, Institut für Weltraumforschung; Geschäftsführender Direktor; Wissenschaftlicher Leiter von AUSTROMIR.

Rudolfstiftung – Krankenhaus im 3. Wr. Gemeindebezirk.

Rußland – zentrale Republik der Sowjetunion; russische SFSR (russisch: Rossija).

S

Saab 105 – Düsenjäger des österr. Bundesheeres.

Saljut – Sowjetische Raumstation.

»Saphier« – Flugzeug des österr. Bundesheeres.

Schneeberg – Berg im südl. Niederösterreich.

Schneewittchensarg (siehe Lower Body Negative Pressure).

»Schwarz-Wirtin« – Hotel-Restaurant in Markt Piesting, Niederösterreich.

Schwechat – Stadt in Niederösterreich bei Wien / Internationaler Flughafen der Stadt Wien.

Sensoren – An Raumflugkörpern angebrachte Geräte, die die Orientierung mit Hilfe der Sonne (oder eines Sternes) ermöglichen.

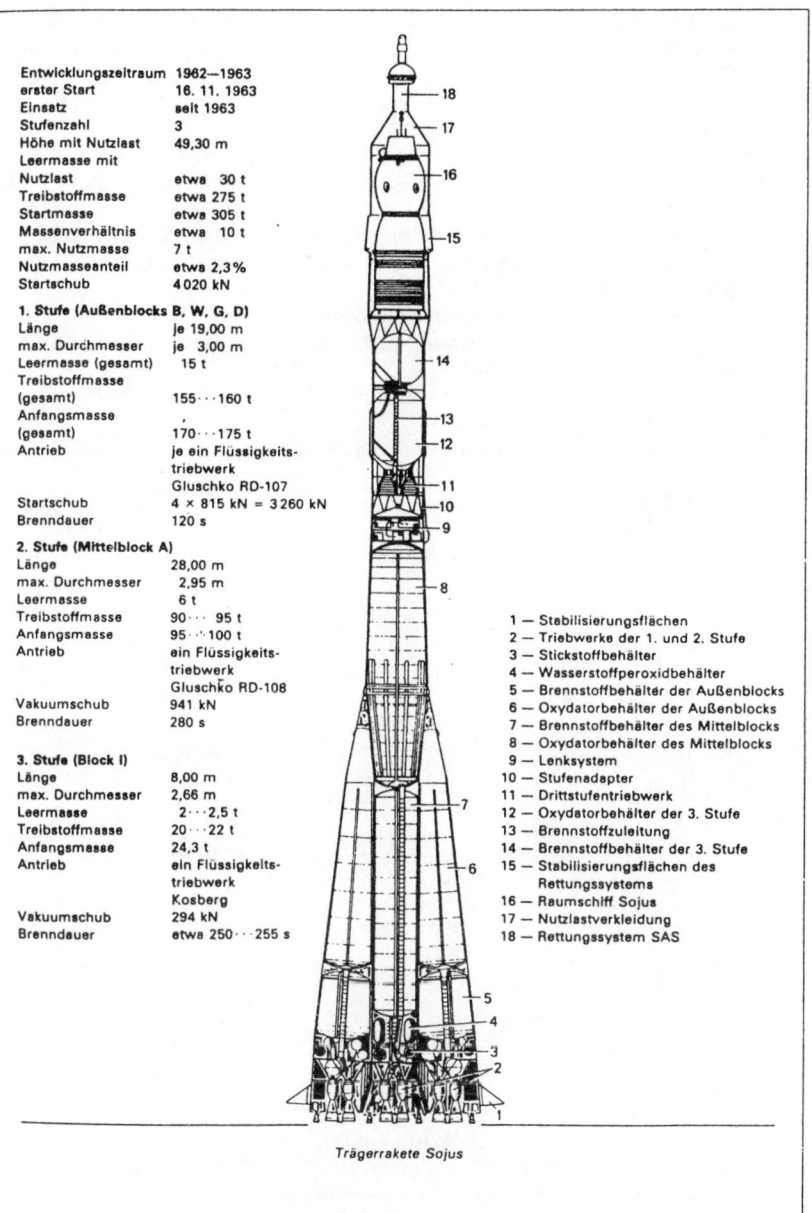

Entwicklungszeitraum 1962—1963
erster Start 16. 11. 1963
Einsatz seit 1963
Stufenzahl 3
Höhe mit Nutzlast 49,30 m
Leermasse mit
Nutzlast etwa 30 t
Treibstoffmasse etwa 275 t
Startmasse etwa 305 t
Massenverhältnis etwa 10 t
max. Nutzmasse 7 t
Nutzmasseanteil etwa 2,3 %
Startschub 4 020 kN

1. Stufe (Außenblocks B, W, G, D)
Länge je 19,00 m
max. Durchmesser je 3,00 m
Leermasse (gesamt) 15 t
Treibstoffmasse
(gesamt) 155···160 t
Anfangsmasse
(gesamt) 170···175 t
Antrieb je ein Flüssigkeits-
triebwerk
Gluschko RD-107
Startschub 4 × 815 kN = 3 260 kN
Brenndauer 120 s

2. Stufe (Mittelblock A)
Länge 28,00 m
max. Durchmesser 2,95 m
Leermasse 6 t
Treibstoffmasse 90···95 t
Anfangsmasse 95···100 t
Antrieb ein Flüssigkeits-
triebwerk
Gluschko RD-108
Vakuumschub 941 kN
Brenndauer 280 s

3. Stufe (Block I)
Länge 8,00 m
max. Durchmesser 2,66 m
Leermasse 2···2,5 t
Treibstoffmasse 20···22 t
Anfangsmasse 24,3 t
Antrieb ein Flüssigkeits-
triebwerk
Kosberg
Vakuumschub 294 kN
Brenndauer etwa 250···255 s

1 — Stabilisierungsflächen
2 — Triebwerke der 1. und 2. Stufe
3 — Stickstoffbehälter
4 — Wasserstoffperoxidbehälter
5 — Brennstoffbehälter der Außenblocks
6 — Oxydatorbehälter der Außenblocks
7 — Brennstoffbehälter des Mittelblocks
8 — Oxydatorbehälter des Mittelblocks
9 — Lenksystem
10 — Stufenadapter
11 — Drittstufentriebwerk
12 — Oxydatorbehälter der 3. Stufe
13 — Brennstoffzuleitung
14 — Brennstoffbehälter der 3. Stufe
15 — Stabilisierungsflächen des
Rettungssystems
16 — Raumschiff Sojus
17 — Nutzlastverkleidung
18 — Rettungssystem SAS

Trägerrakete Sojus

Sharman, Helen – britische Kosmonautin im Raumschiff Sojus TM-12.

Smog – Mischung aus den beiden engl. Worten »smoke« (Rauch) und »fog« (Nebel); der Ausdruck wird für Industriedunst einer Großstadt gebraucht.

Sojus TM (siehe Graphik auf der vorhergehenden Seite) – sowjetische Transportraumschiffe und Trägerraketen.

Sonnenbatterie – Sonnengenerator (Sonnensegel, Sonnenpaddel).

Sowjetunion – 22,4 Millionen qkm, 280 Millionen Einwohner, flächenmäßig größter Staat der Erde. Nimmt mehr als die Hälfte Europas und ein Drittel Asiens ein. 11 Zeitzonen. Gemessen an der Einwohnerzahl ist die UdSSR der drittgrößte Staat der Erde (hinter China und Indien).

Space Shuttle – US-Raumfähre.

Spektrometer – Spektroskop; Spektralapparat.

Spermiogramm – bei der mikroskopischen Untersuchung der Samenflüssigkeit entstandenes Bild.

Spiroergonometrie – Kontrolle des Sauerstoffverbrauchs unter Belastung (auch Ergospirometrie).

Stammersdorf – Ort bei Wien mit Heeresspital des österreichischen Bundesheeres.

Startphase der Sojus-Rakete.

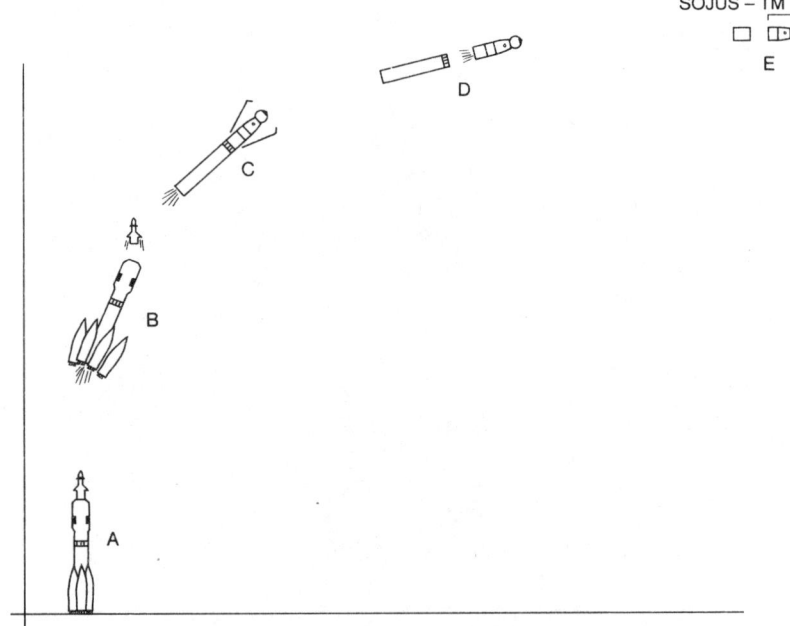

A) Kompette Sojus-Trägerrakete vor dem Start.
B) Abtrennung der ersten Stufe und der Rettungsrakete.
C) Absprengung der Verkleidung des Raumschiffes.
D) Abtrennung der zweiten Antriebsstufe.
E) Abtrennung der dritten Stufe.

214

»Star Wars« – Utopischer US-Spielfilm mit Harrison Ford und Alec Guiness.
Sternenstädtchen – Zvozdnij Gorodok; Satellitenstadt etwa 50 km von Moskau entfernt mit Juri-Gagarin-Raumfahrtszentrum. Im Sternenstädtchen wohnen fast ausschließlich Kosmonauten, Piloten, Ärzte und Techniker, die im Kosmonauten-Zentrum beschäftigt sind, sowie deren Angehörige.

T

Tag der Frau – hoher sowjetischer Feiertag am 8. März.
TBS (Tokio Broadcasting System) – Japanischer Fernseh-Konzern.
Telemetrie – Entfernungsmessung.
Tereschkova, Walentina Wladimirowna – Sowjetische Kosmonautin; geb. am 6. 3. 1937 in Maslennikowo bei Jaroslawl. Erste Frau im Weltraum (1963 mit »Wostok 6«).
Titan – Ti, chem. Element; Übergangsmetall aus der 4. Gruppe des Periodensystems; dehnbar, korrisionsbeständig.
Totmann-Taste – automatische Sicherheitsvorrichtung, die einen Zug bei Ausfall des Fahrers zum Stillstand bringt.
Tour de France – berühmtestes Profi-Radrennen der Welt. Findet jedes Jahr im Juli in Frankreich statt. Erstmals 1903 ausgetragen.
Turmbau zu Babel – bibl.-historischer babylonischer Turmbau.

U

UFO (Unidentified Flying Object) – Unbekanntes Flugobjekt.

V

Vakuum – lat. für »Leere«; Idealfall ist der materielose Raum.
»Väterchen Frost« – Russischer Winter.
Vestibularsystem – Gleichgewichtssystem.
Viehböck, Dipl.-Ing. Franz Artur – geb. am 24. 8. 1960 in Wien, Realgymnasium BRG Mödling 1970–1978. Matura 6. Juni 1978. Studium der Elektrotechnik (Industrielle Elektronik und Regelungstechnik): 1978–1985. 2. Diplomprüfung am 24. Oktober 1985. Spezialpraktiken während des Studiums bei der Verbundgesellschaft, bei SIEMENS (Cherry Hill, USA), Council for Scientific and Industrial Research, Pretoria/Südafrika, SIEMENS in Singapur und Buenos Aires. Seit 1. Mai 1986 Assistent am Inst. für Elektr. Meßtechnik an der Technischen Universität in Wien. Wissenschaftliche Veröffentlichungen: Photoprocessing (Dezember 1982; Pretoria), Fast Analog to Digital Converters (März 1983; TU Budapest), Fast Analog to Digital Converters (Juni 1987; TU Budapest), Fast ADC (Oktober 1987; Österreichische Akademie der Wissenschaften, Hochenergiephysikinstitut).
Fremdsprachen: Russisch, Englisch, Spanisch, Portugiesisch, Französisch.
Größe: 180 cm.
Gewicht: 73 kg.
Verheiratet seit 2. März 1991 mit Vesna Viehböck.

Eltern: Vater/o. Prof. Dr. Franz Viehböck. Mutter/Maria Viehböck, geb. Blank, verstorben.

Geschwister: 2 ältere Brüder: Dr. Dieter Viehböck (35, Arzt) und Dr. Günther Viehböck (36, Rechtsanwalt).

Viehböck, Vesna – Ehefrau des Kosmonauten Franz Viehböck.

Viertelfinale – Begriff aus dem Sport: Runde der besten Acht im Rahmen eines Turnieres oder eines Cup-Bewerbes.

Volvo – schwedischer Automobilkonzern.

W

Waich, Mag. Gertraud – österr. Kosmonauten-Kandidatin.

Watt – Einheit der Leistung. 1 W = 1 J/s (J = Joule = physik. Einheit der Arbeit).

Weltraum – Erdnaher oder interplanetarer Raum, der mit Hilfe der Raumfahrt erreichbar scheint.

Weltraumkrankheit (siehe Raumkrankheit).

Wiener Neustadt – Stadt im südl. Niederösterreich.

Wienerwald – Landschaft im südl. Niederösterreich in der Nähe Wiens. Östlichste Region der Alpen.

Wimbledon – Austragungsort der All England Tennis-Meisterschaften; berühmtestes Tennis-Turnier der Welt.

Wolkow, Alexander – sowjetischer Kosmonaut; war bereits dreimal im Weltraum; zuletzt mit dem Österreicher Franz Viehböck von 2. bis 10. Oktober 1991.

Z

Zellhofer, Ministerialrat Dipl.-Ing. Otto – Leiter des Projektes AUSTROMIR.

Zentrifugalkraft – Fliehkraft.

Zentrifuge – Trennschleuder.

Zvozdnij Gorodok – Russisches Wort für »Sternenstädtchen« (s. o.).

Sponsorenliste

VISA Kreditkarte
Zentralsparkasse und Kommerzialbank Wien
Berlitz Sprachschulen
VOLVO Denzel
Noraxon Oy
Bundesländer-Versicherung
Vöslauer
Hornig Kaffe
Verbundgesellschaft
Austrian Airlines
Philips Data Systems
Kärntner Tourismus Ges. m. b. H.
Steyr-Daimler-Puch Fahrzeugtechnik
Wihup reg. Gen. m. b. H.
Trodat Werke
Anker Brotfabrik
Kotanyi
Eduard Haas Nährmittelfabrik
Alfred Messner
Basic Computer Systems
Mitraco
Münze Österreich AG
Wirtschaftsförderungsinstitut der Bundeskammer der
gewerblichen Wirtschaft
Grazer Tourismus Ges. m. b. H.

Zwei Jahre Solarstrom vom Loser

Die Erprobung von Solarmodulen, Wechselrichtern und mechanischen Komponenten unter extremen Klimabedingungen wurde von der ARGE Alpen-Photovoltaik als einer der Projektziele definiert.

Das Loser-Solarkraftwerk hat in den letzten Jahren seine Robustheit in Sturm, Schnee und Eis unter Beweis gestellt. Einige Erfahrungen haben in Systemmodifikationen ihren Niederschlag gefunden.

Zusammenfassend kann gesagt werden, daß die Betriebsergebnisse weitgehend den Erwartungen entsprechen, in einigen Punkten diese sogar im positiven Sinn übertroffen haben.

Die ARGE Alpen-Photovoltaik, an der die Verbundgesellschaft und die Oberösterreichische Kraftwerke AG zu je 50% beteiligt sind, errichteten 1988 Österreichs größtes Solarkraftwerk in den Alpen. Die Anlage wurde in 1550 Meter Höhe auf einem Südhang des Losers bei Altaussee gebaut und am 4. Jänner 1989 probeweise in Betrieb genommen. Die Bau- und Installationsarbeiten wurden Mitte August 1988 begonnen und konnten nach vier Monaten erfolgreich beendet werden. Am 2. Juni 1989 wurde die Anlage offiziell eröffnet.

E R G E B N I S S E

Im Zeitraum vom 4. Jänner 1989 bis 31. Jänner 1989 wurden insgesamt 56 984 kWh ins Netz eingespeist.

Es hat sich gezeigt, daß an diesem nebelfreien Standort, speziell in den Wintermonaten hohe Globalstrahlungssummen auftreten. Der Effekt der Schneereflexion (R-Werte) übertraf die Erwartungen weshalb der Anteil der Winterstromlieferung besonders hoch war.

Betrug die Verfügbarkeit der Anlage von 8/89 bis 7/90 noch 91%, so konnte sie auf 98% in der Periode von 2/90 bis 1/91 gesteigert werden.

Zufrieden blicken Verbund- und OKA-Techniker auf die ersten beiden Betriebsjahre dieser netzgekoppelten Solaranlage, die wegen ihres hohen technischen Standards von der europäischen Forschungskooperation den »Eureka-Status« bekommen hat.

Ein einzigartiger Bild-Textband, der die Reste einer europäischen HANDWERKS-KULTUR festhält, deren Verschwinden nur noch eine Frage der Zeit ist.

Hans Haid

VOM ALTEN HANDWERK

Umfang: 256 Seiten
mit 100 Farb- und
40 SW-Abbildungen
Format: 23 x 28 cm
Leinen mit
Schutzumschlag
öS 680,–/DM 98,–
ISBN 3-900977-24-0

Der Autor

Dr. Hans Haid, geboren 1938 in Längenfeld/Tirol, studierte Volkskunde in Wien, dissertierte über Änderungen im Brauchtum des Ötztales, bedingt durch den Massentourismus. Begründer des „Internationalen Dialektinstituts" und Aktivist in Sachen Volkskultur. Zahlreiche Veröffentlichungen, u.a. „Vom Alten Leben – Vergehende Existenz- und Arbeitsformen im Alpenbreich", „Mythos und Kult in den Alpen – Ältestes, Altes und Aktuelles über Kultstätten und Bergheiligtümer im Alpenraum".

Anliegen

Seit Jahrtausenden ist der Mensch am WERK, darangegangen, seine nähere und weitere Umwelt zu gestalten. Es war das HAND-Werk, das unserer Welt ihren Stempel aufgedrückt, sie geformt und kulturell geprägt hat.
Mit Beginn der Industriellen Revolution wurde ein Prozeß ausgelöst, der begann, das HANDWERK allmählich in den Hintergrund zu drängen. An der Jahrtausendwende steht der Mensch der Industriegesellschaft vor den letzten Resten einer einzigartigen HANDWERKSKULTUR, deren Verschwinden nur noch eine Frage der Zeit ist.
Er berichtet von den Anfängen des Handwerks, spürt der Entwicklung sowie dem Höhepunkt im Mittelalter nach und berichtet von aktuellen Neubelebungen alter Handwerkstechniken.
Es war die Intention des Autors, diese einzigartige Kulturleistung des Menschen in Wort und Bild festzuhalten und damit ein Dokument zu schaffen, das weit über unsere Zeit hinaus Bedeutung besitzen wird.

EDITION TAU

Wie aus dem Handwerksburschen Xandl der berühmte Alexander Girardi wurde, innerlich jedoch derselbe Grazer Schlosserbub weiterlebte, schildert diese Roman-Biographie.

Hermann Schreiber

ALEXANDER GIRARDI

Eine Roman-Biographie

Umfang: 296 Seiten
Format: 14,3 x 22,1 cm
Gebunden mit
Schutzumschlag
öS 298,–/ DM 42,–
ISBN 3-900977-23-2

Der Autor
Hermann Schreiber wurde 1920 in Wiener Neustadt in Niederösterreich geboren. Nach der Matura studierte er Germanistik und Geschichte in Wien und promovierte 1944 zum Dr. phil. Er ist als Autor und Herausgeber zahlreicher Bücher zu geschichtlichen und vorgeschichtlichen Themen bekannt geworden. Für das Buch „Paris. Biographie einer Weltstadt" erhielt er auf Vorschlag der UNESCO 1968 den österreichischen Professorentitel.

Inhalt

Als Schlosserssohn wurde er in Graz geboren, aus der Provinz spielte er sich – wie es damals einem jungen Schauspieler anstand – über die Herzen seiner Zuschauer bis nach Wien, wo er bald zum Liebling der Theatergeher avancierte. Der „Xandl", wie er liebevoll genannt wurde, blieb aber dennoch, bei aller Begabung und bei allem Ruhm, den ihm diese Begabung eintrug, der bescheidene Schlosserssohn aus Graz.

Der Autor schildert mit großer Liebe zum Detail und ebensolcher Kenntnis der historischen Umstände das wechselvolle Schicksal Girardis, die Sorgen des jungen Bühnenneulings, den raschen, nahezu unaufhaltsamen Aufstieg zum beliebtesten Komiker Wiens. Daneben kommt aber auch der Mensch Girardi zu seinem Recht, die Liebe zur Mutter, die Schwierigkeiten, die der auf der Bühne so Erfolgreiche privat hatte, wenn es darum ging, Kontakt zu anderen, vornehmlich den Frauen, zu finden. Einzig mit dem Maler Makart verband Girardi eine wirkliche Freundschaft.

EDITION TAU

Eine Biographie abseits triefender Hofberichterstattung über den „Heiligen Vater", die den Menschen Karol Wojtyla so zeichnet, wie er eben ist: ein Rätsel für viele, vielleicht sogar für sich selbst.

Juan Arias

DAS RÄTSEL
WOJTYLA

*Eine kritische
Papstbiographie*

Umfang: 363 Seiten
Format: 14,3 x 22,1 cm
Gebunden mit
Schutzumschlag
öS 348,– /DM 48,–
ISBN 3-900977-22-4

Der Autor

Juan Arias, Spanier, weltweit angesehener Korrespondent der spanischen Tageszeitung El Pais, begleitete den Papst auf seinen Reisen. Er kann aus diesem Grund unbedingt als Autorität gelten, was sowohl den Menschen als auch den kirchlichen Würdenträger Karol Wojtyla betrifft.

Anliegen
Der Beginn seines Pontifikats war erfüllt mir Freude, Hoffnung und Zuversicht von Millionen Katholiken in der Welt, brachte er doch schon durch seine Namenswahl – JOHANNES PAUL II. – zum Ausdruck, daß er den von seinen Vorgängern im Amt eingeschlagenen Kurs der Öffentlichkeit, der Anpassung der Kirche an die Welt von heute fortsetzen werde. Für viele war er der Papst, der das Zweite Vatikanum zur Umsetzung, zur Anwendung in den Ostkirchen bringen sollte.
Doch so denken einfache Christen in allen Teilen der Welt, und Rom – sprich die Kurie – lenkt.
Allmählich wurde aus dem frenetisch umjubelten Papst ein Mythos, ein Rätsel, denn viele seiner Entscheidungen widersprachen einander, konnten nicht miteinander in Einklang gebracht werden. Konservativ in der Theologie, fortschrittlich in Sachen Frieden, so präsentiert sich Karol Wojtyla und wurde zu einem Papst der Widersprüche.

EDITION TAU